4184 $\frac{221}{=}$ Jc. A

# ESSAI

## SUR

# L'ELECTRICITÉ

## DES CORPS.

*Par M. l'Abbé* NOLLET, *de l'Académie
Royale des Sciences, & de la Société
Royale de Londres.*

## A PARIS,

Chez les Freres GUERIN, rue S. Jacques,
vis-à-vis les Mathurins, à S. Thomas
d'Aquin.

M. DCC. XLVI.
*Avec Approbation & Privilege du Roy.*

A

# MONSEIGNEUR

# LE DAUPHIN.

ONSEIGNEUR,

*Ce Volume que j'ai l'honneur de Vous préfenter, Vous rappellera les phénomenes électriques*

a ij

dont *Vous* avez voulu être témoin plus d'une fois, & que *Vous* avez rendus par *Votre* présence, & par l'attention que *Vous* y avez donnée, auſſi célébres à *Ver*ſailles qu'ils l'ont été depuis dans les autres *Cours* de l'*Europe* : en admirant ces merveilles, *Vous* avez ſouhaité qu'on vous en apprît les cauſes ; & *Vos* deſirs, qui ſont des ordres pour moi, euſſent été ſuivis d'une prompte exécution, ſi mes lumieres avoient égalé mon zéle.

Animé par l'honneur, & par l'idée flatteuſe de pouvoir offrir quelques nouvelles connoiſſances à un grand *Prince*, qui aime & protége les *Sciences*, & qui par ſes bienfaits me met en état de *les cultiver , j'ai pris mon essor un peu plus haut que je n'eusse osé le faire sans des motifs aussi puissans : j'ai médité sur les phénomenes de l'Electricité , & j'ai essayé d'en dévoiler les causes.*

*Par cet aveu , qui m'honore , permettez, MONSEIGNEUR, que j'apprenne au Public ce qui a soutenu mon courage dans une entreprise aussi délicate. Si je suis assez heureux pour n'avoir pas fait de vains efforts, & que ceux qui auront lû mon Ouvrage s'imaginent pouvoir me féliciter ; que ce soit moins d'avoir fait une découverte, ( si j'en ai fait une, ) que d'avoir plié, pour ainsi dire, mes talens au gré de mon cœur , & d'avoir pû les faire servir à*

exprimer l'obéiſſance parfaite &
la reſpectueuſe reconnoiſſance a-
vec laquelle j'ai l'honneur d'être,

## MONSEIGNEUR,

Votre très-humble, très-
obéiſſant & très-fidéle
ſerviteur.
J. A. NOLLET.

# PRÉFACE.

Epuis environ vingt-
cinq ans l'Electricité
nous met fous les
yeux des phénome-
nes fi finguliers, qu'on ne peut
les voir fans admiration, & fans
défirer d'en connoître les caufes:
mais autant cet objet intéreffe notre curiofité, autant il paroît fe
dérober à nos recherches. Les
Sçavans invités par des récom-
penfes, & plus encore par l'honneur qu'il y auroit à faire une telle découverte, ont pris différens
partis. Les uns défefpérant de
leurs efforts, ou craignant de pro-
noncer avec précipitation dans

a iiij

une matiere également nouvelle
& obscure, se sont imposés un
sévere silence sur les causes de
l'Electricité, pour ne s'attacher
qu'à la recherche de ses loix. Les
autres cédant aux invitations de
plusieurs Académies, & éclairés
par de nouveaux phénomenes,
ont enfin hazardé leurs opinions;
& nous avons vû paroître depuis
quelques années plusieurs théo-
ries ingénieuses, qui, si elles ne
frappent point directement au
but, nous font au moins espérer
qu'on pourra y arriver.

Il me convenoit sans doute
plus qu'à personne d'imiter la sa-
ge retenue des premiers, de m'en
tenir à la simple exposition des
phénomenes rangés sous un certain ordre. Aussi me suis-je refu-
sé constamment la liberté de
mettre au jour des pensées que
j'ai conçues depuis long-temps,
mais qui ne me paroissoient point

encore affez folides pour me fau-
ver du reproche que j'appréhen-
dois qu'on ne me fît d'avoir ofé
les hazarder. Attentif fur les faits,
travaillant à les multiplier, & mé-
ditant avec foin fur toutes leurs
circonftances , j'attends depuis
plus de dix ans qu'ils me condui-
fent eux-mêmes au principe d'où
ils partent.

J'ai cru l'entrevoir enfin ce
principe ; & depuis plufieurs années je m'occupe à le concilier
avec l'expérience : de nouveaux
phénomènes plus admirables encore que tous ceux qui nous ont
furpris précédemment , bien loin
de m'arrêter par de nouvelles difficultés , m'ont éclairé davantage , ont diffipé mes doutes , &
m'enhardiffent enfin à propofer
le fyftême que je me fuis fait fur
cette matiere. C'eft un fyftême,
je l'avoue ; mais l'imagination en
le formant , n'a fait que mettre en

œuvre ce que l'expérience lui a
fourni : & j'ose dire qu'on lui feroit tort , si on le prenoit dans le
sens abusif, pour un assemblage
de possibilités, ou de pensées dé-
nuées de preuves.

Ce n'est pas que je prétende
avoir tout applani , & que chacune de mes explications se présente avec un égal dégré d'évidence : il reste encore des obscu-
rités & des raisons de douter pour
ceux même qui adopteront mes
pensées ; & pour n'en point im-
poser aux Lecteurs , qui seroient
trop favorablement prévenus
pour mes décisions , j'ai eu soin
de régler mes expressions suivant
la valeur des preuves que j'ai employées , & selon la liaison plus
ou moins nécessaire que j'ai cru
appercevoir entre ma théorie &
les faits sur lesquels je l'ai appuyée.

Mais parce que j'aurai senti

quelques endroits plus foibles que les autres , parce que je n'aurai eu à citer que des femi-preuves ou des indices pour certains articles , auxquels il feroit à fouhaiter qu'on pût trouver des preuves plus complettes ou plus concluantes , devois-je me condamner à un filence abfolu , & abandonner d'autres points qui me paroiſſoient fuffifamment prouvés , & capables de former le fond d'un fyftême d'explications , pour les principaux & les plus curieux phénomenes de l'Electricité ? C'eft ce que j'ai peine à me perfuader, quoi qu'en difent plufieurs Sçavans qui prétendent qu'on doit s'interdire toute théorie , jufqu'à ce qu'on ait épuifé les faits , & qu'il ne paroiſſe plus aucune contrariété entr'eux.

Dans un fujet auſſi nouveau & auſſi étendu que l'Electricité , il y auroit fans doute de la témérité à croire qu'on eſt en état de rendre raiſon de tout : mais auſſi c'eſt manquer de courage, que de déſeſpérer de tout, auſſi-tôt qu'on rencontre un fait que l'on a peine à ramener au même principe, auquel les autres ſe rapportent viſiblement : & cette façon d'agir eſt préjudiciable aux progrès de la Phyſique : car quand on fait des expériences il faut avoir une intention ; & quelle intention peut-on avoir quand on a pour regle de ne s'arrêter à aucun principe, & de n'avoir en vûe aucune cauſe particuliere ?

Lorſque Toricelli eut trouvé dans la peſanteur de l'air la vraie cauſe des phénomenes fauſſement attribués à l'horreur du vuide, & que Paſchal & lui en eurent donné des preuves par la ſuſpenſion des liqueurs proportionnelle à leur denſité & à l'élévation des lieux au-deſſus du niveau de la mer, falloit-il attendre pour publier cette découverte, que l'on connût tous les effets qui dépendent du poids de l'air, & que toutes les difficultés qu'on pourroit trouver à y rapporter certains phénomenes fuſſent abſolument applanies ? Cette cauſe ſi naturelle & ſi palpable de l'aſcenſion de l'eau dans les pompes aſpirantes, de l'adhérence réciproque des ſurfaces polies, &c. a-t-elle dû être rejettée, lorſqu'on s'eſt apperçû que les deux marbres demeuroient encore joints l'un à l'autre dans le vuide, & que le tube de Toricelli reſtoit quelquefois plein d'une colomne de mercure, quoiqu'il eût beaucoup plus de vingt-huit pouces de longueur ? N'a-t-on pas mieux fait d'imaginer une feconde puiſſance qui agit conjointement avec l'air, & qui ſuffit feule dans certains cas, que de renoncer à l'action de ce fluide ſi bien établie & prouvée d'ailleurs?

Si j'étois donc affez heureux pour avoir trouvé la caufe générale de l'Electricité, dans *l'effluence & l'affluence fimultanées d'une matiere très-fubtile, préfente partout, & capable de s'enflammer par le choc de fes propres rayons* ; & que j'euffe bien prouvé ces principes qui font la partie la plus effentielle de mes explications : on devroit me paffer de n'avoir pas éclairci ce qui peut refter d'obfcur dans cette matiere, & de n'avoir pas entrepris de ramener au même principe plufieurs faits qui peuvent être encore regardés comme douteux, ou qui dépendent peut-être de plufieurs caufes concourantes au même effet.

Au refte mon Ouvrage n'eft qu'un *Effai.* La nouveauté du fujet que je traite, les difficultés qu'on y rencontre, & les bornes dans lefquelles je me fuis renfer-

mé, font des raifons plus que fuf-
fifantes pour juftifier ce titre, &
pour empêcher qu'on ne le regarde comme l'expreffion d'une
fauffe modeftie ; c'eft, pour ainfi
dire, une ébauche que je tâcherai
de perfectionner, & que j'éten-
drai davantage, fi les fuffrages
du Public me donnent lieu de
croire qu'elle en vaut la peine :
j'en ferai le fixieme volume de
mes Leçons de Phyfique, dont
le quatrieme eft fous Preffe : ainfi
j'aurai le temps d'amaffer de nouvelles preuves, de méditer fur les
difficultés qui reftent à éclaircir
ou qui naîtront, & de profiter
des lumieres qu'on voudra bien
me communiquer, pour redref-
fer mes idées, fi l'on me fait appercevoir qu'elles font défec-
tueufes. Car je ne me prévaudrai
pas de l'habitude où je fuis de
faire des expériences, ni du temps
que j'ai mis à concerter mes ex-

plications, pour m'opiniâtrer dans
mon fentiment : on pourra le
combattre autant qu'on le voudra ; je me ferai toujours un devoir & un honneur de répondre
à la critique qu'on en fera , pourvû qu'elle foit fans aigreur, &
fur le ton qui convient à la vérité & aux fciences, ou bien je conviendrai de bonne foi que je me
fuis trompé.

Des trois parties qui compofent cet ouvrage, la premiere m'a
été demandée avec empreffe-
ment par des Profeffeurs de Pro-
vince , & par d'autres perfonnes
à qui une louable curiofité de
connoître par elles-mêmes les
phénomenes électriques , ou le
deffein de tenter de nouvelles recherches , a fait fouhaiter qu'on
les mît au fait des procédés , &
qu'on leur indiquât les prépara-
tions néceffaires pour opérer
commodément & avec fuccès.

J'ai

J'ai répondu pendant un certain temps par des mémoires manuf-crits aux queftions qu'on me fai-foit, & aux éclairciffemens qu'on me prioit de donner : mais les let-tres fe font multipliées à mefure que l'Electricité eft devenue plus célébre; & ce commerce prenoit trop fur mes autres occupations : j'ai été obligé d'avoir recours à la Preffe.

J'ai fupprimé dans cette inftru-ction tout ce qui m'a paru minu-tie, pour me renfermer dans le néceffaire ; je fuis prefque fûr qu'on s'en contentera, parce qu'a-vant l'impreffion je l'ai envoyée à un grand nombre de perfonnes, qui n'ont pas eu befoin d'autres fecours pour fe mettre en état de répéter toutes les expériences connues, & pour en faire un grand nombre de nouvelles.

La feconde partie contient des queftions que je me fuis faites à

b

moi-même à mesure que j'ai a-
vancé dans la connoiſſance des
phénomenes électriques. Bien ré-
ſolu de ne rien décider que ſur
la foi de l'expérience, j'ai raſſem-
blé ſur chaque queſtion les faits
qui m'ont paru les plus propres à
la décider : ſi j'ai prononcé en
conféquence des réſultats, j'ai
laiſſé ſous les yeux du Lecteur les
piéces ſur leſquelles j'ai fondé
mes jugemens ; il en pourra faire
la réviſion, & juger à ſon tour du
parti que j'ai pris ſur chaque queſtion.

On ne doit donc pas s'attendre
de trouver ici une narration complette de tous les faits qui concer-
nent l'Electricité, mais ſeulement
un choix des phénomenes les plus
confidérables, les plus certains,
& qui ont paru les plus propres
à jetter du jour ſur les queſtions
propoſées ; les autres ont été
renvoyés à la troiſiéme partie,

ou jugés inutiles relativement au deſſein de cet Ouvrage. Mais on peut être bien aſſuré que de tous ceux que j'ai cités, il n'en eſt aucun que je n'aye vû & répété moi-même pluſieurs fois, & que je n'aye manié de toutes les façons que j'ai pû imaginer, avant que de le mettre au rang des faits que je regarde comme conſtans.

Quant à la troiſieme Partie, c'eſt un extrait de deux Mémoires que j'ai lûs à l'Académie, l'un à notre aſſemblée publique du mois d'Avril 1745, & l'autre à celle d'après Pâques 1746. Comme il n'eſt gueres poſſible que par une ſimple lecture qu'on entend, on ſe mette bien au fait d'un ſyſtême d'explications fondé ſur des faits plus propres à ſe faire admirer, qu'à laiſſer appercevoir la liaiſon qu'ils peuvent avoir l'un avec l'autre, la plûpart de ceux qui m'ont fait l'honneur de m'écouter m'ont condamné , ou m'ont applaudi fans m'entendre. J'ai vû paroître avec éloge des extraits de mes differtations, où je n'ai pas reconnu mes véritables penfées ; & j'ai entendu critiquer auffi des opinions qu'on m'attribuoit & qui n'étoient point les miennes. C'eft donc pour être jugé avec connoiffance, que je me fuis déterminé à publier moi-même ce que je penfe fur les caufes de l'Electricité : ceux qui trouveront mes explications plaufibles, pourront les étendre à un plus grand nombre de faits ; je me fuis borné aux plus importans, & , fi je ne me trompe , aux plus difficiles.

## Extrait des Regiſtres de l'Académie Royale des Sciences.

### Du 20 Août 1746.

MR. de Reaumur & moi qui avions été nommés pour examiner un Ouvrage de M. l'Abbé Nollet, intitulé, *Eſſai ſur l'Electricité des Corps*, en ayant fait notre rapport, l'Académie a jugé cet Ouvrage digne de l'impreſſion : en foi de quoi j'ai ſigné le préſent Certificat. À Paris, ce 20 Août 1746.

GRANDJEAN DE FOUCHI, *Secr. perp. de l'Ac. Royale des Sciences.*

## PRIVILEGE DU ROI.

LOUIS, par la grace de Dieu, Roi de France & de Navarre : A nos amés & féaux Conſeillers, les Gens tenans nos Cours de Parlement, Maîtres des Requêtes ordinaires de notre Hôtel, grand Conſeil, Prevôt de Paris, Baillifs, Sénéchaux, leurs Lieutenans Civils, & autres nos Juſticiers qu'il appartiendra, SALUT. Notre ACADEMIE ROYALE DES SCIENCES Nous a très-humblement fait expoſer, que depuis qu'il Nous a plû lui donner par un Réglement nouveau de nouvelles marques de notre affection, Elle s'eſt appliquée avec plus de ſoin à cultiver les Sciences, qui font l'objet de ſes exercices;

enforte qu'outre les Ouvrages qu'elle a déja donnés au Public, Elle feroit en état d'en produire encore d'autres, s'il Nous plaifoit lui accorder de nouvelles Lettres de Privilége, attendu que celles que Nous lui avons accordées en date du fix Avril 1693. n'ayant point eû dè tems limité, ont été déclarées nulles par un Arrêt de notre Confeil d'Etat du 13. Août 1704, celles de 1713. & celles de 1717. étant auffi expirées; & défirant donner à notredite Académie en corps, & en particulier à chacun de ceux qui la compofent, toutes les facilités & les moyens qui peuvent contribuer à rendre leurs travaux utiles au Public, Nous avons permis & permettons par ces préfentes à notredite Académie, de faire vendre ou débiter dans tous les lieux de notre obéiffance, par tel Imprimeur ou Libraire qu'elle voudra choifir, *Toutes les Recherches ou Obfervations journalieres, ou Relations annuelles de tout ce qui aura été fait dans les affemblées de notredite Académie Royale des Sciences; comme auffi les Ouvrages, Mémoires, ou Traités de chacun des Particuliers qui la compofent, & généralement tout ce que ladite Académie voudra faire paroître, après avoir fait examiner lefdits Ouvrages, & jugé qu'ils font dignes de l'impreffion;* & ce pendant le tems & efpace de quinze années confécutives, à compter du jour de la date defdites Préfentes. Faifons défenfes à toutes fortes de perfonnes de quelque qualité & condition qu'elles foient, d'en introduire d'impreffion étrangére dans aucun lieu de notre obéif-

fance : comme auffi à tous Imprimeurs, Libraires, & autres, d'imprimer, faire imprimer, vendre, faire vendre, débiter ni
contrefaire aucun defdits Ouvrages ci-deffus fpécifiés, en tout ni en partie, ni d'en
faire aucuns extraits, fous quelque prétex-
te que ce foit, d'augmentation, correction,
changement de titre, feuilles même fépa-
rées, ou autrement, fans la permiffion ex-
preffe & par écrit de notredite Académie,
ou de ceux qui auront droit d'Elle, & fes
ayans caufe, à peine de confifcation des
Exemplaires contrefaits, de dix mille livres
d'amende contre chacun des Contreve-
nans, dont un tiers à Nous, un tiers à l'Hôtel-Dieu de Paris, l'autre tiers au Dénon-
ciateur, & de tous dépens, dommages &
intérêts : à la charge que ces Préfentes feront enregiftrées tout au long fur le Regi-
ftre de la Communauté des Imprimeurs &
Libraires de Paris, dans trois mois de la
date d'icelles; que l'impreffion defdits Ouvrages fera faite dans notre Royaume &
non ailleurs, & que notredite Académie
fe conformera en tout aux Réglemens de
la Librairie, & notamment à celui du 10
Avril 1723. & qu'avant que de les expofer
en vente, les Manufcrits ou Imprimés qui
auront fervi de copie à l'impreffion defdits
Ouvrages, feront remis dans le même é-
tat, avec les Approbations & Certificats
qui en auront été donnés, ès mains de notre très-cher & féal Chevalier Garde des
Sceaux de France, le fieur Chauvelin : &
qu'il en fera enfuite remis deux Exemplaires de chacun dans notre Bibliotheque pu-

blique , un dans celle de notre Château du Louvre , & un dans celle de notre très-cher & féal Chevalier Garde des Sceaux de France , le sieur Chauvelin ; le tout à peine de nullité des Présentes : du contenu desquelles vous mandons & enjoignons de faire jouir notredite Académie , ou ceux qui auront droit d'Elle & ses ayans cause , pleinement & paisiblement , sans souffrir qu'il leur soit fait aucun trouble ou empê-chement : Voulons que la Copie desdites Présentes qui sera imprimée tout au long au commencement ou à la fin desdits Ou-vrages , soit tenue pour duement signifiée , & qu'aux Copies collationnées par l'un de nos amés & féaux Conseillers & Secré-taires, foi soit ajoutée comme à l'Original: Commandons au premier notre Huissier, ou Sergent de faire pour l'exécution d'icel-les tous actes requis & nécessaires , sans demander autre permission , & nonobstant clameur de Haro , Charte Normande , & Lettres à ce contraires : Car tel est notre plaisir. Donné à Fontainebleau le douzié-me jour du mois de Novembre , l'an de grace mil sept cent trente-quatre , & de notre Regne le vingtiéme. Par le Roi en son Conseil. *Signé* , S A I N S O N.

*Registré sur le Registre VIII. de la Chambre Royale &*
*Syndicale des Libraires & Imprimeurs de Paris. Num.*
*792. fol. 775. conformément aux Réglemens de 1723. qui*
*sont défenses, art. IV. à toutes personnes de quelque qua-*
*lité & condition qu'elles soient, autres que les Libraires &*
*Imprimeurs , de vendre , débiter & faire distribuer aucuns*
*Livres pour les vendre en leurs noms, soit qu'ils s'en disent*
*les Auteurs ou autrement ; à la charge de fournir les Exem-*
*plaires prescrits par l'art. CVIII. du même Réglement. A*
*Paris 15. Novembre 1734. G. M A R T I N , Syndic.*

ESSAI

# ESSAI

## SUR

## L'ELECTRICITÉ

### DES CORPS.

Définitions.

E mot François *Electricité* vient du Latin *Electrum*, qui signifie de l'ambre. On nomme ainsi l'action d'un Corps que l'on a mis en état d'attirer à lui ou de repousser, comme on le voit faire à l'ambre, des petites pailles, des plumes, ou d'autres corps legers qu'on lui présente à une certaine distance.

L'Electricité se manifeste princiSignes d'é-lectricité.palement de deux manieres : 1°. Par

A

des mouvemens alternatifs, auxquels on a donné les noms d'*attractions* & de *répulsions*; 2°. Par une espece d'inflammation qui prend différentes formes, & qui a différents effets suivant les circonstances. Ces deux signes ne vont pas toujours ensemble: le premier s'apperçoit plus communément que l'autre ; le dernier annonce presque toujours une forte Électricité.

Deux fortes de manieres d'électrifer.

Il y a deux manieres connues d'électrifer les Corps : 1°. En les frottant avec la main, avec une étoffe, ou avec un papier gris, &c. 2°. En approchant fort près d'eux, ou en leur faisant toucher légérement, un Corps qui soit récemment électrifé.

Mais comme l'une & l'autre maniere d'électrifer exigent quelque appareil, & certaines pratiques, fans lesquelles on ne peut réuffir ; il est à propos de dire ici, quels font les instrumens dont on doit se munir, & comment on doit s'en servir pour répéter avec succès les Expériences dont nous ferons mention ci-après.

# PREMIERE PARTIE.

## INSTRUCTION

*Touchant les inftrumens propres aux Expériences de l'Electricité, & la maniere de s'en fervir.*

LA plûpart des chofes dont on a befoin pour répéter les expériences de ce genre qui font connues, ou dont je ferai mention dans cet Ouvrage, font fi communes & fi faciles à trouver en tout tems & en tout lieu, qu'il feroit fuperflu d'en faire ici l'énumération : le feul récit des opérations dans lefquelles elles entrent, fuffira le plus fouvent pour apprendre tout ce qu'il en faut fçavoir ; & quand il y aura un mot à dire fur le choix, ou fur l'emploi qu'on en doit faire, une note qui accompagnera le texte fatisfera à tout. Je me bornerai donc ici aux

A ij

articles les plus importans , & fur
lefquels il eft néceffaire d'être inf-
truit pour opérer ou avec plus de
fûreté , ou avec plus de facilité.

Depuis qu'on a reconnu que l'É-
lectricité du verre eft plus forte que
celle de tout autre Corps , on n'a
plus employé qu'un tube ou un globe de cette matiere pour électrifer.
Ce fut Hauxbée , Phyficien An-
glois , qui mit l'un & l'autre en ufage il y a environ quarante ans.

Du tube &
de fes quali-
tés.

Le tube doit avoir à peu près trois
pieds de longueur , un pouce ou 15
lignes de diamétre & une bonne ligne d'épaiffeur : ces dimenfions font
les meilleures ; mais quoiqu'elles
foient différentes, elles n'empêchent
pas que le tube ne devienne électrique ; elles n'influent que fur le
plus ou le moins : un cylindre de verre folide , ou une bande de glace fort
épaiffe s'électrife affez fortement. Il
eft commode que le tube foit bien
cylindrique & bien droit , parce qu'il
fe frotte avec plus de facilité.

Il eft affez indifférent qu'il foit ouvert ou fermé par fes extrémités :
mais il faut que l'air du dedans foit

à peu près dans le même état que celui du dehors ; c'eſt pourquoi je trouve à propos qu'il ſoit ouvert au
moins par un bout : mais je conſeille
de tenir cette ouverture ordinairement bouchée avec du liége ou autrement, afin que le tube ne ſe ſa-
liſſe point par dedans ; car la mal-
propreté, & ſur-tout l'humidité, nuit
beaucoup à ſes effets : on s'abſtien-
dra donc ſur toute choſe de ſouffler
dedans avec la bouche.

S'il eſt néceſſaire de le nettoyer
ou ſécher par-dedans, on y fera
couler un peu de ſablon bien ſec,
& après l'y avoir ſecoué quelque
tems, on le fera ſortir, & l'on fera
gliſſer d'un bout à l'autre du tube,
& à pluſieurs fois, du cotton cardé, que l'on pouſſera avec une baguette.

Les tubes de ce verre blanc & tendre qu'on nomme cryſtal, ſont communément meilleurs que d'autres,
pour les expériences électriques ; le
verre d'Angleterre & celui de Bohé-
me ſont excellens.

Cependant le verre le plus groſ-
ſier, celui dont on fait des bouteil-

les pour mettre le vin, devient auffi fort électrique : nos verres blancs communs ne réuffiffent pas fi bien. J'ai fait teindre de ce dernier verre en bleu avec le faffre, & j'en ai fait faire des tuyaux qui font fort électriques ; mais je n'oferois dire fi j'en fuis redevable à la couleur ou à la qualité du verre ; car j'en ai fait faire une autre fois de femblables à la même Verrerie, dont je n'ai pas été auffi content que des premiers.

*Maniere d'é-lectrifer le tu-be.* Quand on veut électrifer le tube de verre, un bâton de foufre, ou de cire d'Efpagne, &c. il faut le tenir d'une main par un bout, & l'em-poigner avec l'autre main pour le frotter à plufieurs reprifes felon fa longueur, jufqu'à ce qu'il donne des marques d'Électricité.

Il faut frotter ainfi le tube avec la main nue, fi elle eft bien féche ; mais fi elle eft humide par la tranfpira-tion, il faut mettre entre le verre & elle une feuille de papier gris que l'on aura fait fécher au feu.

Ce n'eft point en ferrant bien fort le verre qu'on réuffit le mieux ; il fuffit de frotter légérement, mais un

peu vîte, & ferrant un peu plus lorfque la main defcend, que quand on
la reléve.

Quand le Corps que l'on aura à
effayer, ne fera pas d'une figure à
pouvoir être frotté, comme un tube
ou un bâton de cire d'Efpagne, on
le tiendra d'une main, & on le frot-
tera avec la paûme de l'autre main
nue, ou revêtue de papier gris, ou
d'une étoffe de laine. C'eft ainfi qu'on
en doit ufer à l'égard d'un morceau
d'ambre, de gomme copal, ou avec
un diamant ou autre pierre de petit
volume.

Il y a bien des efpéces de matiéres que le frottement a peine à électrifer; un moyen fûr de déterminer
cette vertu à fe manifefter, c'eft de
les chauffer plus ou moins fortement,
felon qu'elles font de nature à le
fouffrir fans s'amollir ou s'altérer.

Par un temps fec & froid, & lorfqu'il regne un vent de Nord, le verre s'électrife ordinairement beaucoup mieux, que lorfqu'il fait chaud
& humide.

Quoiqu'on fît ufage depuis long-
temps des globes de verre ou de

Subftitution
du globe au
tube de verre.

A iiij

foufre pour certaines expériences
d'Électricité, & que la maniere de les
faire tourner pour les frotter plus
commodément, ait été publiée &
pratiquée en certains cas il y a très-
long-temps, on n'employoit cependant presque jamais que le tube,
pour communiquer l'Electricité aux
autres Corps, ou pour éprouver les
autres effets de cette vertu : mais on
fe fatigue beaucoup à frotter un tube ; & quelque ardeur que l'on ait
pour les expériences & pour les dé-
couvertes, il eft difficile de foutenir long-temps cet exercice. Il y a
cinq ou fix ans que M. Boze, Pro-
feffeur de Phyfique à Wittemberg,
effaya de fubftituer au tube un globe de verre que l'on fait tourner fur
fon axe, & que l'on frotte bien plus
commodément, en y tenant feulement les mains appliquées : en géné-
ralifant ainfi cette façon d'électrifer
le verre, qu'on avoit bornée jufqu'a-
lors à quelques ufages particuliers,
cet habile Phyficien a trouvé & pour
lui & pour ceux qui l'ont imité depuis, un moyen fûr non feulement
d'opérer avec facilité, mais encore

de pouffer les effets beaucoup au-delà de ce qu'on avoit pû faire avec le tube.

Ce que j'ai dit ci-deffus touchant la qualité du verre dont on fait les tubes, doit s'entendre auffi de celui qui fervira à former des globes ; le cryftal vaut mieux que le verre blanc commun, mais le verre à bouteille réuffit parfaitement.

Qualités & dimenfions du globe de verre.

Il arrive fouvent que les globes de verre dont on commence à faire ufage, font très-difficiles à électrifer ; mais c'eft un fait conftant, qu'ils fe façonnent à force d'être frottés ; j'en ai vû plufieurs qui ne donnoient d'abord prefque aucun figne d'Électricité, & qui font devenus excellens par la fuite : cette fingularité fe remarque principalement à l'égard de notre verre blanc des petites Verreries ; c'eft-à-dire, de celui qui eft le plus commun.

Quant aux dimenfions des globes, ils font d'une bonne grandeur quand ils ont environ un pied de diametre : il vaudroit mieux qu'ils euffent quelques pouces au-deffus, que quelques pouces au-deffous de cette mefure ; mais je ne crois pas qu'il fût fort avantageux de les avoir beaucoup plus gros.

Une chofe qui eft bien plus effentielle, c'eft une certaine épaiffeur, comme de deux lignes au moins , & autant uniforme qu'il eft poffible : outre que cette condition met le vaiffeau en état de réfifter davantage à la preffion de celui qui le frotte , il n'eft pas douteux ( & je m'en fuis affûré par des obfervations bien conftantes ) que l'Électricité d'un verre épais eft fenfiblement plus forte & plus durable que celle d'un verre plus mince.

La figure fphérique n'eft point abfolument néceffaire ; elle n'eft pas même préférable à une autre forme, finon peut-être parce qu'on la fait aifément prendre au verre en le foufflant ; il eft également bon que ce foit un fphéroïde allongé ou applati , pourvû que la partie la plus élevée que l'on frotte, foit affez réguliérement arrondie pour faciliter le frottement; il eft même d'ufage dans prefque toute l'Allemagne, où l'on fait préfentement ces fortes d'expériences avec fuccès, d'employer des vaiffeaux cylindriques.

Le globe que l'on veut électrifer, doit tourner entre deux pointes de fer ou d'acier, comme les ouvrages qui fe font au tour ; pour cet effet il faut qu'à l'un de fes deux poles il ait une poulie de bois, dont la gorge puiffe recevoir la corde d'une roue à peu près femblable à celle des Cordiers, ou à celle des Couteliers ; & qu'à l'autre pole il foit garni d'un morceau de bois propre à recevoir la pointe du tour.

Maniere dont le globe doit être garni pour tourner.

Il feroit plus fûr & plus avantageux que le globe eût fes deux poles ouverts en forme de goulots, ou qu'au moins en ayant indifpenfablement un de la forte, par la façon dont on a coutume de le former, il eût à l'autre une petite maffe de verre pour recevoir un morceau de bois creufé qu'on y attacheroit ; mais quoique ce ne foit qu'une bagatelle, l'expérience de quinze années m'a fait connoître qu'on a de la peine à tirer de telles piéces bien faites des Verreries, où l'on ne peut fe faire entendre que par des modéles qu'on envoie, & où les Ouvriers routinés à une forte d'ouvrage, ne peuvent ou ne veulent pas s'appliquer à ces effais, qui ne leur préfentent qu'un intérêt léger & paffager.

Ainfi pour éviter ces difficultés, & pour s'accommoder des chofes qui font de pratique ordinaire, on peut prendre tout fimplement un ballon, de ceux qui fervent de récipient dans les laboratoires de Chymie, en choififfant le plus épais : & on le garnira de la maniere qui fuit, après en avoir coupé le col, de telle forte qu'il n'ait plus que trois ou quatre pouces de longueur.

Ayez une poulie *A*, *fig.* 1. de 4 à 5 pouces de diamétre, qui tienne à un morceau de bois creufé pour recevoir le col du ballon *B*, auquel vous le fixerez avec un maftic fait de poix noire, mêlée avec un peu de cire, & de la cendre tamifée.

Il eft bon qu'au centre de la poulie il y ait un trou qui communique avec l'intérieur du ballon, & qui fe ferme avec un bouchon à vis *C*, de bois dur ou de buis, dans le centre

duquel entrera la pointe du tour ; &
afin qu'il y ait toujours communication libre entre l'air du vaiſſeau & celui du dehors, il faut pratiquer deux
ou trois trous obliques dans ce bouchon.

La poulie étant ainſi fixée au ballon, il faut avoir une eſpéce de ca-
lote de bois *D*, qui ait environ quatre pouces de diamétre, & dont la
partie concave ſoit propre à s'appliquer aſſez juſtement au pole du globe oppoſé à la poulie ; il eſt à propos auſſi que cette piéce ait un centre de bois dur, pour recevoir l'autre pointe du tour. Alors vous chauf-
ferez la partie concave de cette piéce de bois, & la partie du globe où
elle doit s'appliquer ; vous enduirez
l'une & l'autre de maſtic fondu (*a*),
& auſſi-tôt après les avoir joint,
vous placerez le tout entre les deux
pointes d'un tour, & le faiſant tourner avec la main, à l'aide d'un ſup-

(*a*) Il ne faut pas qu'entre cette piéce & le
verre il reſte une grande épaiſſeur de maſtic ;
car comme ces deux matiéres ( le maſtic &
le verre ) en ſe refroidiſſant ne diminuent pas
également de volume, il ſe fait une eſpéce
de tiraillement qui fait ſouvent caſſer le
globe.

port que vous préfenterez vers l'équateur du globe, vous ferez obéir le maftic encore chaud, jufqu'à ce que tout foit bien centré, & vous l'entretiendrez en cet état jufqu'à ce qu'il y foit bien fixé par le parfait refroidiffement du maftic.

**Machines pour faire tourner le globe.**

Ce globe ainfi préparé doit tourner rapidement fur fon axe entre deux pointes ; il importe peu comment cela fe faffe, pourvû que le mouvement de rotation foit affez fort pour vaincre le frottement des mains qui appuient fur la furface extérieure du verre, & que les pointes tiennent à des pilliers ou poupées affez folides, pour ne pas laiffer échapper le vaiffeau tandis qu'on le fait tourner avec violence : ainfi quiconque aura un tour, & une roue de trois à quatre pieds de diamétre, comme on en a affez communément dans les laboratoires, n'a pas befoin de chercher autre chofe.

Au défaut de cet équipage on pourra fe fervir d'une roue de Coutelier, de celle d'un Cordier, ou même d'une vieille roue de carroffe, à laquelle on formera une gorge de bois rap-

porté ; & l'on établira deux poupées
à pointes fur un tréteau que l'on aura
fixé à une muraille.

Mais une chofe qu'il ne faut point
oublier , c'eft que l'une des deux
pointes foit une vis qui fera fon
écrou dans le bois même de la poupée , afin qu'on puiffe ferrer le globe
fans frapper.

On ne doit ferrer les pointes qu'autant qu'il le faut pour empêcher
qu'elles n'ayent du jeu dans les trous
où elles entrent ; autrement le verre feroit contraint, & lorfqu'on vien-
droit à le dilater en le frottant , on
courroit rifque de le faire éclater
avec beaucoup de danger pour ceux
qui feroient auprès. C'eft encore
une bonne précaution à prendre, que
de faire les trous un peu profonds
dans le bois qui garnit les deux poles du globe , de crainte que les
poupées en reculant un peu , ne le
laiffent échaper.

Si l'on fait les frais d'une machine
de rotation exprès pour ces fortes
d'expériences , on peut lui donner
telle forme & telle décoration qu'on
jugera convenable ; mais je trouve à

propos qu'elle ait les qualités fui-
vantes.

1°. Qu'elle foit affez grande & affez forte pour fervir à toutes fortes
d'expériences de ce genre ; ainfi il
feroit bon que la roue eût au moins
quatre pieds de diamétre, qu'elle fût
portée fur un bâti bien folide, affez
pefant, & qu'il y eût deux manivelles, afin qu'en employant deux hommes pour tourner en certains cas,
on pût forcer les frottemens du globe pour augmenter les effets : j'é-
prouve tous les jours qu'un feul homme ne fuffit pas.

2°. Que l'axe de la roue foit à telle hauteur, que l'homme qui eft appliqué à la manivelle fe trouve en
force & dans une fituation non gê-
née ; cette hauteur doit être d'environ trois pieds & demi au-deffus du
plancher, fur lequel la machine &
l'homme font placés.

3°. Que la corde de la roue communique immédiatement & fans renvois avec la poulie du globe : Premiérement, parce que les renvois
tels qu'ils puiffent être, augmentent
la réfiftance ; il y en a déja affez de
la

la part d'un globe de douze ou qua-
torze pouces de diamétre, dont on
fait frotter l'équateur. Secondement,
des poulies de renvoi font toujours
beaucoup de bruit, & il y a des oc-
casions on l'on a besoin de silence
en faisant ces sortes d'épreuves.

4°. Que le globe soit le plus iso-
lé qu'il sera possible ; car on doit
craindre que les corps voisins n'ab-
sorbent une partie de son Électricité : ainsi les poupées pour un globe d'un pied doivent avoir au moins
dix pouces au-dessous des pointes.

5°. Que le globe soit à une hauteur convenable, & se présente de
maniere que celui qui le doit frotter,
soit dans toute sa force ; il faut donc
pour bien faire qu'il se trouve élevé
de trois pieds ou environ, au-dessus
du plancher, & qu'il tourne vis-à-vis
de celui qui le frotte, en lui présen-
tant son équateur.

6°. Si les poupées tiennent au bâti
de la roue, on doit faire en sorte
qu'elles puissent s'approcher ou s'é-
carter toutes deux ensemble, afin
qu'on puisse commodément tendre la
corde, lorsqu'elle devient trop lâche.

B

7°. Comme les globes font ca-
fuels , & que ceux qui les remplacent
ne font pas toujours de la même mefure , il faut que l'une des deux poupées foit mobile , qu'elle puiffe s'a-
vancer vers l'autre , ou s'en écarter
de cinq ou fix pouces de plus.

8°. Il y a des expériences que l'on
fait avec deux globes qui tournent
à la fois ; afin que la machine foit
complette , il faut donc qu'il y ait de
quoi placer un fecond globe , & que
le mouvement d'une feule roue s'imprime en même temps à tous les
deux. Il faut auffi que ces globes
dont les axes font paralleles entre
eux , puiffent s'approcher ou fe recu-
ler l'un de l'autre , quand leur grof-
feur variera , afin que les deux équa-
teurs gardent toujours entre eux à
peu près la même diftance.

9°. Si la machine peut être porta-
tive , fans préjudice à d'autres qualités plus effentielles , c'eft un méri-
te de plus , qu'on ne doit pas négliger de lui procurer.

10°. Enfin fi quelqu'un , dans la
vûe de quelque commodité , pen-
foit à prolonger les poupées , ou

quelque autre partie de la machine,
pour fervir de fupport aux piéces
qu'on veut fufpendre près de la furface du globe pour les électrifer, je
l'avertis qu'il s'expofe à tout rompre
& à fe bleffer; car l'ébranlement que
caufe le mouvement de la roue à la
machine la plus folide, fera infailli-
blement vaciller la piéce fufpendue,
& fi c'eft quelque chofe de fort pefant & de dur, comme une barre de
métal, la moindre fecouffe le fera
toucher au verre, avec hazard de le
caffer. Ainfi le mieux eft d'avoir un
fupport féparé de la machine, & qui
ne participe point à fes ébranlemens.

En faveur des perfonnes qui ne
voudront pas fe donner la peine d'i-
maginer une machine de rotation
qui ait toutes les qualités dont je
viens de parler, j'en vais décrire une
qui les renferme toutes, & dont je
fais ufage depuis deux ans.

*A B*, *a b*, *fig.* 2. font deux piéces
de bois de chêne, qui ont chacune
fept pieds de longueur, & quarrées
fous trois pouces de face. Elles portent chacune trois montans *C,D,E,*
*c,d,e,* qui font affemblés haut &

Defcription
d'une machi-
ne de rota-
tion.

B ij

bas à neuf pouces de diſtance l'un de l'autre par des traverſes, dont deux *F*, *G*, excédent de quatre à cinq pouces de chaque côté, pour donner de l'empatement à la machine.

Les quatre montans longs, ſçavoir *C*, *D*, *c*, *d*, portent par en-haut deux pieces *H I*, *b i*, qui ont quatre pieds & huit pouces de longueur, & qui forment avec les traverſes des montans, une eſpece de chaſſis qui a en-dedans quatre pieds deux pouces de longueur, & neuf pouces de largeur.

Les deux montans courts *E*, *e*, aſſemblés par en-haut par une traverſe qui excéde d'environ treize pouces par un côté ſeulement *M N*, *fig.* 3, portent auſſi deux pieces *K*, *L*, & ſemblables qui s'aſſemblent dans les deux montans du milieu *D*, *d*.

Sur ces deux dernieres pieces on établit une table chantournée qui eſt repréſentée par la *fig.* 4. & pour lui donner plus de ſolidité, on ſoutient la traverſe excédente *M N* de la *fig.* 3. par une conſole *O*.

Au bas de ce bâti, on peut pratiquer entre les quatre grands montans, deux fonds, à fept ou huit pouces de diftance l'un de l'autre, & remplir cet efpace par un tiroir qui fervira à placer les tubes, les barres de fer, & autres inftrumens qui dépendent de cette Machine.

On élevera auffi dans le milieu de part & d'autre, un montant $YZ$ qui empêchera les pieces $HI$, $hi$, de plier fous le poids de la roue, & l'on pourra fi l'on veut remplir les angles des quarrés avec des pieces de bois découpées, qui ferviront d'orne-ment.

Les deux pieces $HI$, $hi$, portent au milieu deux efpeces de focles en-taillés pour recevoir l'axe de la roue; & cet axe eft retenu de chaque côté par deux coquilles de cuivre $k$, $l$, fig. 5. la premiere eft noyée dans le bois, & l'autre s'applique par-deffus & s'arrête par le moyen de deux longues vis de fer, qui traver-fent le focle & la piece $HI$, & qui fe ferrent fortement avec des écroux.

La coquille fupérieure doit être percée d'un trou au milieu pour rece-voir de l'huile, quand il en eft befoin.

La partie de l'axe qui tourne dans

chaque paire de coquille, doit être bien arrondie & bien adoucie ; & l'extrémité de cette partie du côté de l'essieu, doit avoir un épaulement afin que la roue se contienne toujours dans sa place.

Les bouts de l'axe qui reçoivent les manivelles, sont des quarrés vifs dont chaque côté a neuf à dix lignes ; & le levier de chaque manivelle a environ dix pouces de longueur.

Les globes sont montés entre deux poupées à pointes, *fig.* 6. dont une (celle qui porte la pointe fixe) est arrêtée à demeure sur la tablette ; l'autre qui porte la pointe à vis, glisse dans une rénure à jour, & s'arrête par le moyen d'une grosse vis qui lui sert de queue.

La tablette ainsi chargée de son globe, se place sur la table chantournée, *fig.* 4. sur laquelle elle se meut en avant & en arriere pour tendre la corde autant qu'il en est besoin ; elle est guidée par deux tringles de bois *P p, Q q,* qui entrent dans les deux entailles *R, r* ; & elle s'arrête par une grosse vis *S* qui traverse la tablette & la table : c'est pour cela

qu'on a fait la rénure à jour *T*, &
l'ouverture quarrée *V*, qui laiſſe la
liberté de tourner l'écrou *X* de la
poupée à vis.

Quand il ſera queſtion de faire
tourner deux globes à la fois, il faudra en avoir un ſecond, monté de
la même maniere que celui de la
*fig.* 6. que l'on placera ſur la même
table, *fig.* 4. en faiſant paſſer la vis *s*
par la rénure *t*. Et alors on placera
la corde comme il eſt repréſenté par
la *fig.* 7.

Il faut que la corde ſoit de boyau,
s'il eſt poſſible, & qu'elle n'excéde
pas la groſſeur d'une médiocre plume à écrire.

Il faut encore avoir attention que
les gorges de la grande roue & des
poulies ſoient creuſées en angle,
mais en angle un peu émouſſé, ou
arrondi dans le fond, de maniere
pourtant que la corde ſoit toujours
un peu pincée.

Je ne m'étends pas davantage ſur
les meſures de chaque piéce ; on les
reconnoîtra aiſément par l'échelle,
& d'ailleurs la plûpart peuvent ſouf-
frir de légers changemens.

Si l'on veut peindre la machine avec une huile ou un vernis coloré, on empêchera par-là que les bois ne se déjettent si-tôt, & on lui donnera un air d'élégance qui plaît toujours. Cette décoration ne m'a paru jusqu'ici faire aucun tort aux expériences ; mais y fait-elle du bien, comme on l'a prétendu ? c'est ce que j'ignore.

Globe de soufre.

Les premiéres expériences d'Électricité qui commencerent à avoir quelque célébrité, furent faites avec un globe de soufre. Otto Guérike, premier Auteur de la machine du vuide, s'en étoit fait un qui étoit gros comme la têtc d'un enfant ( ce font ses termes * ) & qui étoit tout maffif ; pour cet effet il avoit coulé du soufre fondu dans un ballon de verre, qu'il avoit caffé ensuite pour avoir la boule qui s'y étoit moulée ; puis l'ayant percé, il l'avoit traversé d'un axe pour le faire tourner commodément fur deux fourches. Comme il y a encore des expériences à faire & à répéter avec de pa-

* *Nova Experim. Magdeburg. de vacuo spatio. p.* 147.

reilles

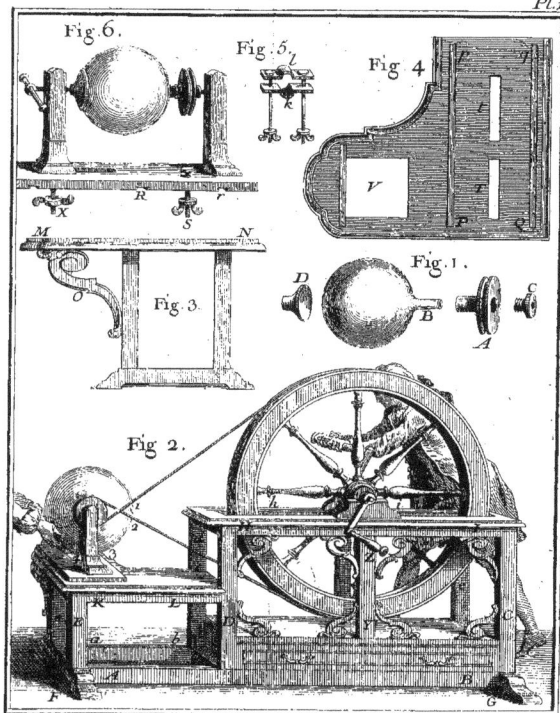

Pl. 1.

Fig. 6.

Fig. 5.

Fig. 4.

Fig. 3.

Fig. 1.

Fig. 2.

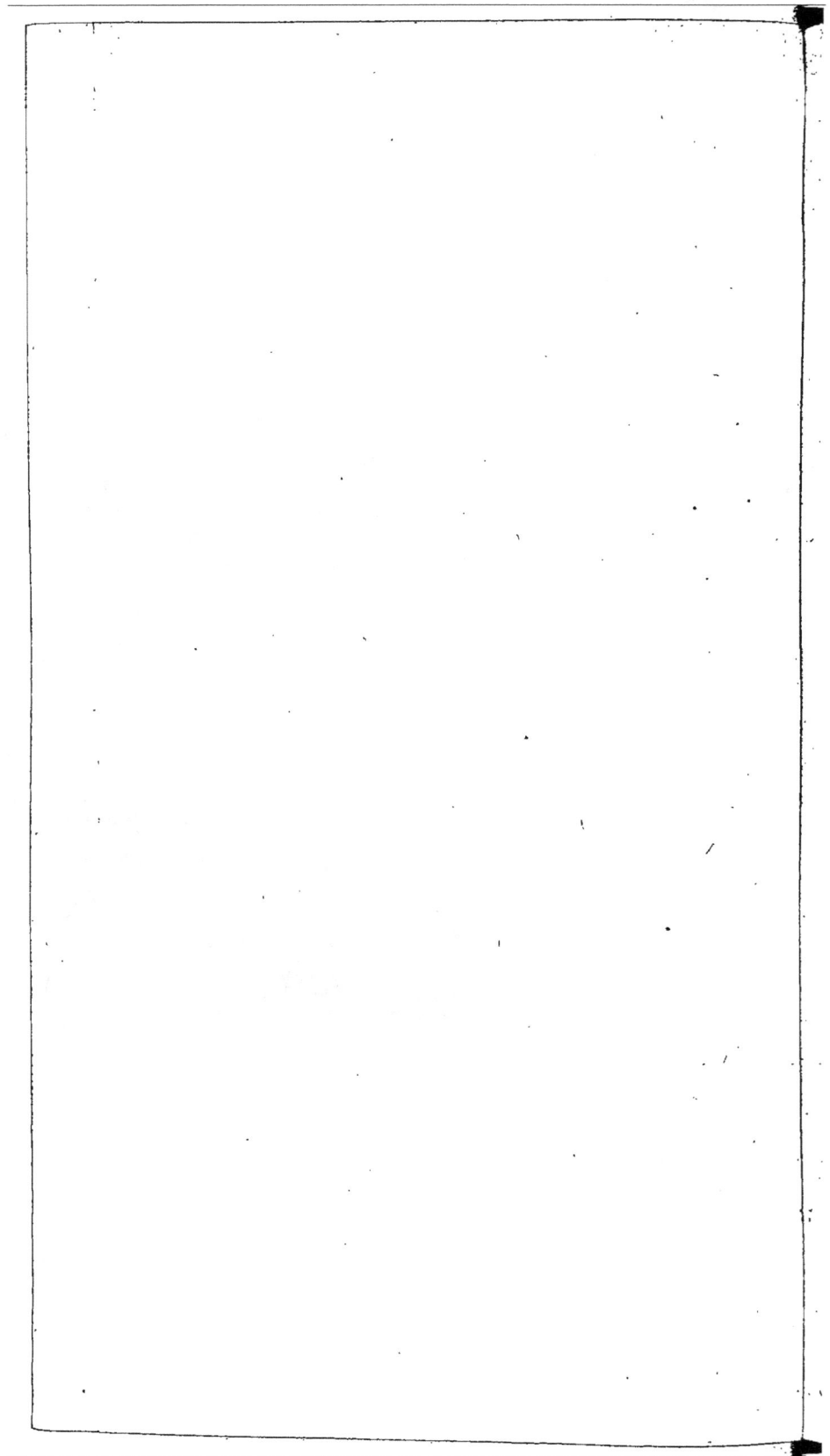

reilles matieres , à cause de la diftin-
ction vraie ou fauffe des deux Électricités ; je vais dire de quelle maniere je m'y fuis pris , après l'Auteur
que je viens de citer , pour avoir des
globes de foufre polis comme le
fien ( cela eft important ) mais creux
& tout enarbrés.

J'ai pris un globe de verre commun & mince , dont les poles étoient
ouverts en forme de goulots ; fi l'on
n'en avoit pas de cette forte , il eft
facile de percer un ballon ordinaire,
en la partie oppofée à fon col. J'ai
fait paffer de l'une à l'autre ouverture un cylindre de bois qui excé-
doit de quatre ou cinq pouces de
chaque côté, & qui bouchoit le vaiffeau de part & d'autre à l'aide d'un
peu d'étoupes que j'avois mis autour ; mais avant que de le fermer
ainfi, je l'avois rempli aux deux tiers
avec du foufre concaffé en petits
morceaux.

Enfuite prenant le bâton par les
deux bouts, je portai le verre & ce
qu'il contenoit au - deffus d'un ré-
chaud plein de charbons ardens, &
je le tournai jufqu'à ce que le foufre

*Maniere de mouler un globe de foufre creux , & autres piéces.*

C

fût fondu. Je l'ôtai du feu alors , & je laissai refroidir le tout, en continuant de tourner , & de cette manière il se forma une croute épaisse qui revêtit toute la surface intérieure du vaisseau.

Je cassai le verre à petits coups, & je fis sortir mon globe de soufre creux parfaitement moulé & uni. Je plaçai l'axe de bois entre deux pointes de tour pour centrer l'équateur ; & je lui donnai la forme nécessaire pour recevoir une poulie tournée à part , que je collai à l'une de ses extrémités : ce globe s'applique comme ceux de verre à la machine de rotation.

On peut essaier de mouler de même des batons , des tubes , ou d'autres vases , de soufre , de cire d'Espagne , de résine , &c. mais comme toutes ces matieres se cassent très-aisément , on aura bien de la peine à les ôter du moule.

Globe de verre enduit par-dedans de cire d'Espagne.

Il y a une belle expérience d'Hauxbée , qui se fait avec un globe de verre enduit de cire d'Espagne intérieurement. Après ce que nous venons de dire touchant la manière de mouler du foufre dans du verre, on devinera aifément ce qu'il faut faire pour former l'enduit dont il eft queftion.

Il ne s'agira, comme l'on voit, que de faire entrer dans le globe de verre, de la cire d'Efpagne pulvérifée ou concaffée en très-petits morceaux, & de tourner le vaiffeau fur du feu, jufqu'à ce que toute la matiere foit fondue, & enfuite entiérement refroidie.

Il faut prendre garde de ne point trop chauffer la cire d'Efpagne, parce qu'alors elle devient noire, ou bien elle forme des foufflures qui la détachent du verre lorfqu'elle fe refroidit.

On doit prendre gafde auffi de faire cet enduit trop épais : car comme la cire d'Efpagne fe retire plus que le verre en fe refroidiffant, une croute trop épaiffe de cette matiere ne manque pas de fe détacher du vaiffeau.

Pour frotter commodément un globe, il faut qu'on le faffe tourner felon l'ordre de ces chiffres 1,2,3,4, *fig.* 2. & tenir les deux mains nues & bien féches, appliquées vers fon

Maniere de mettre le globe en ufage.

C ij

équateur, & à la partie inférieure marquée 4. Ce n'eſt pas qu'on ne puiſſe l'électriſer auſſi, en y appliquant une étoffe ou quelque autre choſe : la plûpart des Allemands ſe ſervent d'un couſſinet couvert de peau, & quelques-uns enduiſent cette peau de tripoli pulvériſé ; mais après avoir eſſayé de toutes les façons, j'en ſuis revenu à frotter avec la main nue, comme au moyen le plus prompt, le plus commode & le plus efficace.

Si quelque raiſon a pu faire imaginer le couſſinet, c'eſt la crainte que l'on a eu d'être bleſſé par des éclats de verre, ſi le globe venoit à ſe caſſer lorſqu'il tourne. J'avoue que cette crainte eſt fondée, & l'on doit prendre des précautions pour éviter pareils accidens ; mais celle du couſſinet m'a toujours rendu l'Électricité ſi lente, & ſes effets ſi foibles, que l'impatience m'en a pris, & que je l'ai abandonnée pour toujours. Au reſte depuis que je fais tourner des globes de verre, il ne m'en eſt caſſé qu'un entre les mains ; & ce fut par un accident qui ne tenoit en rien à la façon de s'en fervir : avec un peu d'attention & d'habitude je crois qu'on peut fans beaucoup de danger continuer de frotter les globes de verre avec les mains.

On ne gagne rien à appliquer les mains de plufieurs perfonnes au même globe, pour le frotter dans une plus grande étendue de fa furface en même temps : il m'a paru au contraire que le verre étoit moins électrique alors ; & j'en apperçois quelque raifon, en réfléchiffant fur la maniere dont le frottement peut faire naître dans un corps cet état qu'on nomme Électricité : car il y a tout lieu de penfer que cet état, quel qu'il foit, confifte dans un certain mouvement imprimé aux parties du corps frotté, à peu près, peut-être, comme le fon naît d'un trémouffement que l'on donne celles du corps fonore : or il eft probable qu'on interrompt ce mouvement inteftin, ou qu'on l'anéantit, quand on touche le verre en beaucoup d'endroits en même temps. Ainfi conféquemment à cette confidération, il eft mieux d'appliquer les deux mains enfemble à un même endroit, que de preffer le globe par deux parties oppofées.

M. Boze que j'ai cité ci-deffus *, a communiqué l'Électricité à un même corps, avec plufieurs globes que l'on frottoit en même temps, & nous voyons par le récit de fes expériences **, que ce moyen lui a réuffi pour forcer les effets de l'Électricité. Plufieurs perfonnes ont effayé ici de l'imiter, & je l'ai effayé moi-même ; cette épreuve n'a pas eu jufqu'à préfent un grand fuccès. Cependant je ne renonce point pour cela au préjugé tout naturel & vraifemblable où je fuis que l'on peut, par cette façon d'opérer, augmenter la force de l'Électricité : Premiérement, parce qu'un habile homme dont la candeur ne m'eft point fufpecte, m'affûre le fait ; Secondement, parce que je n'ai pas encore pû donner à cette expérience tout le loifir & l'attention qu'elle demande. C'eft pourquoi lorfqu'on fera conftruire exprès des machines de rotation, je ne crois

*Application de plufieurs globes à une même machine.*
*\* Pag. 8.*

** *Tentam. Electr. comm. 3. p. 91.*

pas qu'on doive négliger de les rendre propres à faire tourner plusieurs globes en même temps.

Il y a aussi des expériences d'Électricité à faire dans le vuide : voici de quelle maniere on peut s'y prendre pour les exécuter.

Sur la platine d'une machine pneu- *Maniere d'é- lectriser dans le vuide.*
matique on établit solidement une espéce de pince à ressort, dont les branches qui finissent en forme de palettes un peu concaves, sont garnies d'étoffe ou de papier gris, & surmontées d'une petite frange de soie fort claire & un peu longue. On couvre cette pince d'un récipient, dont on cimente le bord avec de la cire mêlée de thérébentine, pour éviter l'humidité qu'on auroit à craindre avec des cuirs mouillés ; ce récipient est ouvert en sa partie supérieure en forme de goulot, & garni d'une virolle de cuivre, entre le couvercle & le fond de laquelle il y a plusieurs rondelles de cuirs gras. Le tout est traversé par une tige de métal bien cylindrique & bien unie, qui peut glisser selon sa longueur & tourner dans les cuirs, sans que l'air

C iiij

puiffe paffer du dehors au-dedans du vaiffeau. Au bout de cette tige qui fe trouve dans le récipient, on fixe une boule de foufre, de cire d'Ef-pagne, ou d'ambre, ou bien on y at-tache un petit globe de verre que l'on fait embraffer par les deux co-quilles ou palettes de la pince à ref-fort. A l'autre bout de la tige on fixe une bobine de bois, fur laquelle on fait tourner deux fois la corde d'un archet ; & par ce moyen il eft aifé de faire frotter autant qu'on le veut la boule de verre ou de foufre, &c. dans la pince garnie. Voy. la *fig.* 8.

Si l'on avoit une machine pneu-matique femblable à celles dont je me fers *, qui font afforties d'un rouet, & que j'ai décrites dans les Mémoires de l'Académie ** ; on fe-roit ces fortes d'expériences plus commodément qu'avec un archet, qu'on ne peut guere faire aller & ve-nir fans ébranler la machine.

Quand la boule aura tourné quel-que temps dans la pince, affez pour faire croire qu'elle a été fuffifamment

* *Leçons de Phyf. T. III. x. Leç. pl. 5.*
** *Mem. de l'Acad. des Sç. 1740. p. 385. & f.*

frottée, ou foulévera la tige qui la porte, pour la dégager de la pince; & en l'arrêtant auprès de la petite frange, on verra fi elle en attire ou fi elle en repouffe les fils, ce qui prouvera qu'elle eft électrique.

On pourra fuivant les différentes vûes que l'on aura, faire précéder l'évacuation de l'air, ou le frottement du corps que l'on veut effaier d'électrifer.

Le petit globe de verre que l'on deftine à ces expériences, peut auffi être garni d'un robinet bien exact, pour l'appliquer lui-même à la machine pneumatique, & le tenir vuide d'air; car il y aura telle occafion où l'on fera bien aife de comparer les effets de ce petit globe évacué ou plein dans le vuide & dans l'air condenfé.

On feroit peut-être bien aife auffi d'effaier de frotter un globe plein d'air condenfé; cette épreuve fera plus difficile à faire avec exactitude, & de maniere qu'on puiffe en conclure quelque chofe de certain : car il ne fuffira pas d'y faire entrer de l'air à force avec une pompe foulan-

*Maniere d'électrifer un vaiffeau où l'air eft condenfé.*

te, comme on pourroit le croire ; les vapeurs graffes & l'humidité d'un air qui a paffé ainfi par une pompe, jetteroit bien de l'incertitude fur le réfultat de l'expérience. Feu M. Dufay, pour éviter cet inconvénient, a condenfé l'air d'un tube en l'adaptant à un gros éolipyle qui ne contenoit que de l'air, & qu'il faifoit chauffer fortement : par ce procédé qui eft ingénieux, il a fans doute condenfé l'air du tube ; mais n'y a-t-il fait entrer aucune exhalaifon ou vapeur, capable de caufer ou de partager l'effet qu'il a attribué à la feule condenfation de l'air ? c'eft ce dont on pourroit douter.

Supports pour foutenir les corps qu'on veut électrifer. Un corps que l'on veut électrifer par communication, doit être ifolé, ou comme tel, c'eft-à-dire, qu'il faut le foutenir avec des fupports qui ne partagent que très-peu ou point fon Electricité, & qui ne la tranfmettent pas aux autres corps qui font dans le voifinage. On a appris de l'expérience que le foufre, la foie, la réfine, la poix, & généralement tout ce qui s'électrife aifément en frottant, eft très-propre à cet effet ; ainfi l'on choisit de ces matieres celle qui convient le mieux, suivant le poids, la figure, ou les autres qualités du corps que l'on veut soutenir.

Un homme, par exemple, peut se tenir debout sur un gâteau de résine, de soufre ou de poix, de cire, &c. & l'on peut choisir indifféremment celle de ces matieres qui coûtera le moins, ou qu'on sera le plus à portée de se procurer, selon la circonstance du temps ou du lieu : ou bien la personne peut être assise ou couchée sur une planche suspendue avec des cordons de soie ou de crin attachés au plancher : de l'une ou de l'autre façon, on l'électrisera en lui faisant approcher de fort près la main, du globe que l'on frotte, ou bien en passant près de son corps, en quelque endroit que ce soit, un tube nouvellement frotté.

Le P. Gordon, Bénédictin Ecoffois, & Professeur de Philosophie à Erford, a fait imprimer il y a deux ans un petit Ouvrage *, dans lequel on trouve la description de quel-

* *Phænomena Electricitatis exposita ab Andrea Gordon, &c.*

ques machines dont on se sert en Allemagne, & qu'il employe lui-même dans les expériences de l'Électricité. Au lieu de gâteau de matieres
résineuses, ou de cordons de soie attachés au plancher, il se sert d'une
espéce de chassis garni d'un réseau
fait de cordons de soie, sur lequel il
fait monter la personne qu'on doit
électriser; & pour soutenir horizontalement des corps d'une certaine
longueur, il emploie des doubles
fourches qui portent des cordons
de soie tendus, & dont les pieds
haussent & baissent suivant le besoin.
Voyez la *fig. 9.* Je n'ai rien changé
à celle de l'Ouvrage que je viens de
citer, sinon que j'ai représenté les
branches ou pilliers qui portent les
cordons, un peu plus écartés l'un
de l'autre; précaution que je crois
nécessaire pour empêcher que l'Électricité ne se communique trop au
support.

**Gâteaux de résine. Maniere de les mouler.** Les gâteaux de résine ou de poix,
si l'on s'en sert, doivent avoir au
moins sept à huit pouces d'épaisseur;
& être assez larges pour appuyer
commodément les pieds de la per-

sonne qui monte dessus. On les peut mouler dans un cercle d'éclisse ou de carton, auquel on fera un fond seulement avec plusieurs feuilles de papier collé ; mais quand ils seront refroidis & durcis, il faut les dépouiller de cette écorce, par laquelle l'Électricité ne manqueroit pas de se dissiper.

Ce qui pourroit faire souhaiter de laisser une enveloppe de bois ou de quelque autre matiere solide, c'est que ces gâteaux, sur-tout ceux de résine, sont sujets à s'écrouler ou à se rompre quand on marche dessus ; & que ceux de pure poix s'affaissent & se déforment quand il fait chaud. On pourra remédier à ces inconvéniens, si l'on fait ces gâteaux d'un mélange de résine & de cire la plus commune, à parties égales ; j'en ai de cette façon qui me réussissent très-bien.

Ces gâteaux nouvellement fondus sont quelquefois d'un mauvais service ; la personne qui est placée dessus, ne devient que peu ou point électrique : mais si on a la patience d'attendre quelque temps, cette mau-

vaise disposition cessera ; c'est un fait
dont je ne sçais pas bien la raison.
On auroit de même à se plaindre des
gâteaux ou de tout autre support, si
on n'avoit soin d'en entretenir la
surface bien séche ; l'humidité, ou
l'eau, est une espéce de véhicule qui
donne lieu à l'Électricité de se dissiper.

Il ne faut pas que la personne qui
est sur le gâteau touche à rien de ce
qui l'environne, soit par elle même,
soit par ses habits : si c'est une Da-
me, ou quelqu'un qui porte une ro-
be, il faut avoir soin que cette ro-
be soit autant élevée que les pieds
de la personne même au-dessus du
plancher. Dans le cas d'une forte É-
lectricité, cette précaution n'est pas
aussi essentiellement nécessaire que
dans les cas ordinaires ; mais il est
certain que la personne qui n'est
point parfaitement isolée de toutes
parts, n'est jamais autant électrique,
si elle le devient, qu'elle le seroit en
ne touchant à rien.

Cordons de
soie.

Pour soutenir la barre de fer au-
dessus du globe, quand elle est fort
pesante, je me sers de deux cordons

de soie qui embraffent des poulies fi-
xées au plancher, & dont les bouts
font à portée de la main, pour faire
monter ou defcendre la barre qu'ils
portent. *Fig.* 10.

Quand les barres font minces, je
les foutiens avec un fupport porta-
tif, d'où je fais pendre deux fils de
foie, qui s'allongent ou s'accourcif-
fent par le moyen de deux chevilles
que je tourne d'un côté ou de l'autre. *Fig.* 11.

Enfin fi ce que l'on veut ifoler eft
très-léger, ou d'un petit volume, on
pourra le placer fur un guéridon de
verre, que l'on conftruira aifément
avec un bout de tube, fixé de part
& d'autre à un morceau de vître, ou
de glace de miroir, arrondi ou quarré; la figure n'y fait rien. Un guéridon de cire d'Efpagne, ou de foufre, feroit la même chofe; mais il
feroit plus difficile à faire, & coûte-
roit plus.

Si l'on s'apperçoit qu'un corps pofé fur le petit guéridon, ou autre
fupport, s'électrife difficilement, cela dépend fouvent d'une légere humidité, qu'il faut diffiper, non pas

en chauffant fortement , mais feulement en paſſant ce ſupport deux ou
trois fois devant le feu. Quant au
corps qui doit être électriſé , on ne
riſque rien de le chauffer & de le
frotter pour le ſécher.

Maniere d'é-
prouver ſi un
corps eſt élec-
trique.

Quand un corps eſt fortement é-
lectrique , il en donne des marques
très-ſenſibles , ſoit en attirant d'une
diſtance aſſez conſidérable les corps
légers qu'on lui préſente , & en les
repouſſant avec vivacité, ſoit en jet-
tant de la lumiere par quelque endroit de ſa ſurface. Mais il eſt plus
difficile de juger ſi un corps a cette
vertu, quand elle eſt foible ; car alors
il ne peut attirer que de fort près, &
des matiéres ſi légeres & ſi déliées,
qu'on auroit peine à démêler ſi elles
obéiſſent à l'Electricité, où ſi le mouvement qu'elles ont ne leur vient
point de quelque petite agitation de
l'air. Pour éviter l'erreur, il faut pré-
ſenter à ces corps foiblement electriques quelque autre corps très-mobile , & de telle nature que l'Electricité ait plus de priſe ſur lui que
ſur les autres.

L'expérience m'ayant appris que
les

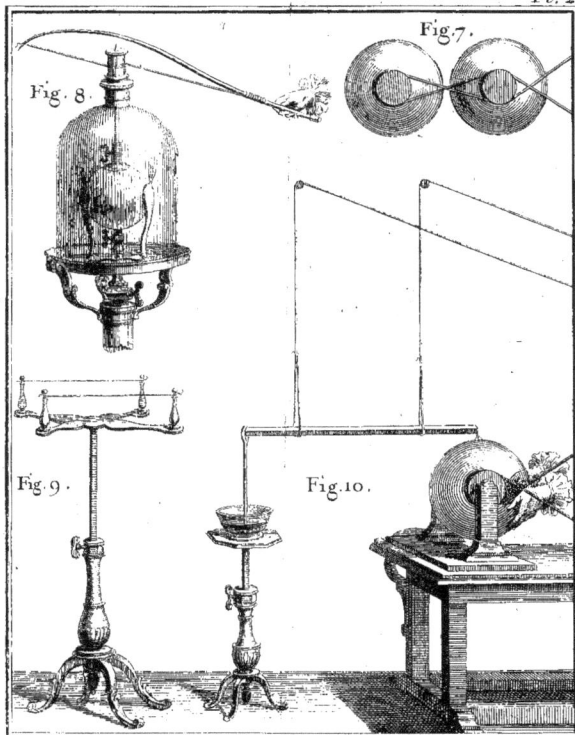

Pl. 2.

Fig.7.

Fig.8.

Fig.9.

Fig.10.

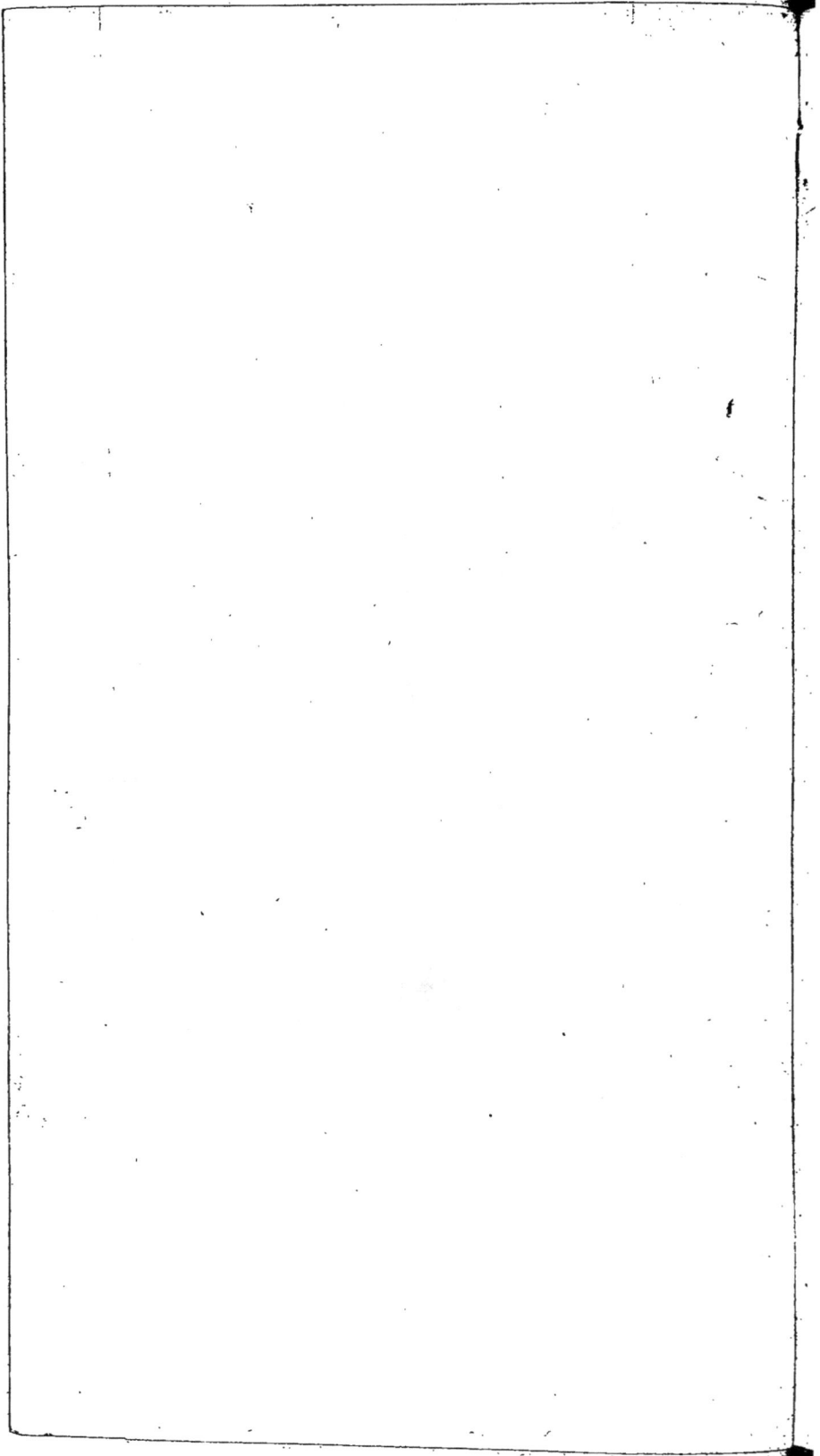

les fils de foie, le poil des animaux, les feuilles de métal, font attirés & repouffés plus vivement que la plûpart des autres matiéres par un corps électrique, je confeille donc de fufpendre un cheveu par un bout à une petite baguette, & d'approcher doucement l'autre bout de ce même cheveu près du corps électrique, & l'on reconnoîtra par cette épreuve réitérée, s'il y a Electricité ou non. On pourra faire la même chofe avec une petite feuille de métal fufpendue à un fil de foie ; je ne dis pas de la foie filée, mais de la foie fimple, telle que la donne la chenille, & qui eft bien plus déliée qu'un cheveu.

Les feuilles de métal dont j'entends parler ici, & dont je ferai fouvent mention dans la fuite, font de celles que l'on vend par livrets, & dont les Doreurs fur bois & les Verniffeurs ont coutume de fe fervir. Elles font ou d'or, ou d'argent, ou de cuivre : ces dernieres qui coutent très-peu de chofe, font auffi bonnes que les autres, dans prefque toutes les expériences.

*Feuilles de métal & autres corps légers propres aux experiences électriques.*

Au lieu de feuilles de métal on

peut se servir de petites plumes ; elles font un très-bon effet, sur-tout
quand il s'agit de soutenir en l'air un
corps léger par le moyen du tube
électrique, comme on le dira ailleurs:
mais pour lors il faut choisir de ces
plumes, ou parties de plumes, dont
les brins sont rares & épanouis ; le
duvet de cygne dont on fait des hou-
pes à poudrer pour la toilette des
Dames, réussit on ne peut pas mieux.

Circonstan-
ces favorables
ou nuisibles à
l'Electricité.

Il n'est pas douteux que l'Electricité en général ne soit susceptible
de plus & de moins suivant certaines
circonstances ; le même globe, le
même tube qui a bien fait un certain
jour, ne fera pas si bien dans un autre
temps, quoiqu'il soit frotté par la
même personne & avec les mêmes
attentions. C'est une chose que j'ai
éprouvée mille fois, & de laquelle
conviennent tous ceux qui sont dans
l'habitude d'électriser. On est d'accord aussi, & je l'ai déja dit ci-dessus, qu'un temps humide & chaud
est le moins favorable de tous. Je
conseille donc aux Professeurs qui
n'auroient pas encore acquis une
certaine pratique, qui fait réussir en

tout temps quand on n'a qu'à répéter des expériences connues, je leur
conseille, dis-je, de préférer l'Hy-
ver à l'Eté, pour faire voir les phénomenes électriques à leurs Ecoliers.
Il est vrai pourtant que depuis qu'on
électrise avec des globes, une personne un peu au fait ne manque gueres les expériences, s'il se contente
d'effets plus foibles.

Puisque la chaleur du temps, &
l'humidité de l'air nuit à l'Electricité, on doit donc, autant qu'on le
peut, choisir pour opérer un lieu
sec, & préférer le soir aux autres heures du jour, sur-tout en Eté : ces précautions ne sont pas de nécessité ab-
solue ; mais on ne doit pas les négliger quand on peut les prendre.

Je finis cette premiere Partie par
une Observation que je fais depuis
environ deux ans, & qui s'est bien
confirmée dans ces derniers temps,
où j'ai souvent répété les expériences de l'Electricité pour plus de trente personnes à la fois dans une chambre qui n'a que seize pieds de longueur sur douze de large. On sçait
que par le plus beau temps du mon-

de, un tube qui commençoit à bien faire, devient souvent très-difficile à électrifer, & ne fournit plus aux expériences, quand la chambre où l'on opere est trop pleine de monde ; je l'ai éprouvé bien des fois, & le fait est généralement reconnu pour vrai. On s'en prend ordinairement aux vapeurs qui se répandent dans l'air de la chambre, par la tranfpiration d'un trop grand nombre d'affiftans ; & cette raison est très-plaufible, puifque toute humidité nuit aux effets dont il s'agit. Mais voici un autre fait qui n'est pas moins certain, & qui paroît affez difficile à concilier avec le premier, c'est que quand j'électrife avec un globe par un temps favorable, quelque nombreufe que soit la compagnie, l'Electricité, bien loin de s'affoiblir, n'en devient que plus forte ; si l'on en juge par les aigrettes & par les étincelles qui fortent ou de la barre de fer, ou d'une perfonne électrifée : jamais ces effets ne font auffi beaux qu'en préfence d'une nombreufe affemblée ; & ce fait est fi conftant, que quand je veux animer davantage les émanations lumineufes, ou exciter celles dont la lumiere s'affoiblit, je fais approcher du monde, & cet expédient me réuffit toujours.

Ce n'eft point ici le lieu de chercher la caufe de ce fait, je le rapporte feulement, parce qu'il offre un moyen de donner plus d'éclat aux phénomenes les plus intéreffans, & parce que ceux qui manqueroient les expériences dans le cas dont il s'agit, pourroient en fuivant le préjugé, s'en prendre mal-à-propos au trop grand nombre, & négliger par-là de chercher la vraie caufe de leur mauvais fuccès.

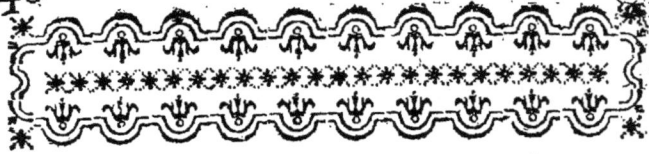

# SECONDE PARTIE.

*EXPOSITION METHODIQUE des principaux phénomenes de l'Electricité, pour servir à la recherche des causes.*

L'ORDRE que je suivrai dans cette seconde Partie, sera de proposer une question, de rapporter les expériences qui peuvent servir à la résoudre, & d'exposer ce que le concours des résultats aura indiqué, par des propositions générales qui puissent être regardées ensuite comme des principes de fait.

## PREMIERE QUESTION.

*Quels sont les corps qui sont capables de devenir électriques par frottement : & ceux qui le deviennent par cette voie, le sont-ils tous au même degré ?*

### EXPERIENCES.

Frottez de la maniere qu'on l'a dit ci-deſſus *, 1°. un morceau de cire blanche; 2°. un bâton de cire d'Eſpagne ; 3°. une petite boule de ſoufre ; 4°. un tube ou une baguette ſolide de verre. Préſentez ſucceſſivement chacun de ces corps nouvellement frottés au-deſſus d'un carton bien liſſé, ſur lequel vous aurez répandu un peu de cette pouſſiere de bois qu'on met ſur l'écriture, ou quelques fragmens de feuilles de métal. Vous verrez alors ces petits corps légers s'élever & aller s'appliquer à la ſurface du corps frotté qu'on leur préſente ; & pluſieurs d'entre eux s'élancer de deſſus ce même corps après l'avoir touché.

*Pag. 6 & 7.*

En répétant pluſieurs fois ces mêmes expériences, on aura lieu d'obſerver, 1°. que la cire blanche eſt toujours moins électrique que les autres matieres; ce que vous reconnoîtrez en faiſant attention qu'elle n'attire ni auſſi vivement, ni d'auſſi loin que le ſoufre, le verre, &c. 2°. que la cire d'Eſpagne & le ſoufre s'électrifent plus fortement que la cire blanche, mais toujours plus foiblement que le verre.

On a eu des réfultats à peu près femblables à ceux que je viens de rapporter, lorfqu'on a fait la même épreuve avec les matieres dont voici la lifte.

Le jayet, l'afphalte, la gomme copal, la gomme lacque, la colophone, le maftic, le fandarac, le vernis de la Chine légérement chauffé, la poix noire ou blanche, & même la thérébentine mêlée avec de la brique pilée ou de la cendre, pour lui donner une confiftance fuffifante, &c.

Le diamant blanc, & furtout le brillant ; le diamant de couleur, principalement le jaune ; le grenat, le péridote, l'œil de chat, le faphir, le rubis, la topaze, l'amethyfte, le criftal de roche, l'émeraude, l'opale, la jacinte, la porcelaine, la fayance, la terre verniffée, le verre de plomb, d'antimoine, de cuivre, &c.

Les talcs de Venife & de Mofcovie, le gyps, les felenites, & généralement

ralement toutes les pierres tranfpa-
rentes, les agathes, les jafpes, le
porphyre, le granit, les marbres de
toutes couleurs, le grais, l'ardoife,
&c.

La foye, le fil, le coton, les plumes, les cheveux, le parchemin,
les os, l'yvoire, la corne, l'écaille,
la baleine, les coquilles; les bois de
toutes efpeces; l'alun, le fucre can-
di, &c.

Un grand nombre de ces corps
n'acquierent par le frottement qu'u-
ne Electricité très-foible, encore
faut-il pour cela les échauffer affez
fortement.

Mais les corps vivans, les métaux, & même les femi-métaux,
comme le zinc, le bifmuth, l'antimoine, &c. quoique frottés vivement & à plufieurs reprifes, n'ont jamais donné aucun figne d'Electricité.

*Réponfe à la premiere Queftion.*

On peut donc conclure par rapport à la queftion préfente, 1°. que
de tous les corps qui ont affez de
confiftance pour être frottés, ou
dont les parties ne s'amoliffent

E

point trop par le frottement , il en
est peu qui ne s'électrisent quand on
les frotte.

2°. Que les corps vivans , les métaux parfaits ou imparfaits , doivent
être formellement exceptés.

3°. Que tous les corps qu'on peut
électriser en frottant , ne sont pas capables d'acquérir un égal degré d'E-
lectricité.

4°. Que les plus électriques de
toutes, après avoir été frottées, sont
les matieres vitrifiées , & ensuite le
soufre , les gommes , certains bitumes , les résines , &c.

Les corps qui s'électrisent par
frottement , ont été nommés *matieres Electriques par elles-mêmes* , ou *naturellement Electriques* ; en Latin , *per
se Electrificabiles* , ou *Electrica*.

## II. QUESTION.

*Quelles sont les matieres qui s'électri-
sent par communication ; & celles qu'on
peut électriser ainsi , sont-elles toutes également susceptibles de recevoir le même
degré d'Electricité ?*

## PREMIERE EXPERIENCE.

Prenez tel corps folide que vous voudrez, animal mort ou vif, bois, plante, ou fruit, gomme ou réfine, métal, pierre, vitrification, &c. fufpendez-le avec un fil de foye, ou bien pofez-le fur un appui, comme il eft marqué dans la premiere Partie * ; approchez fort près de ce corps & à plufieurs reprifes, un tube de verre fortement électrifé. L'Electricité de ce tube fe communiquera de maniere, que le corps fufpendu ou foutenu comme on vient de le dire, attirera & repouffera les petites feuilles de métal qu'on lui préfentera, ou un fil qu'on laiffera pendre à quelques pouces de diftance de fa furface.

* Pag. 14 & fuiv.

## SECONDE EXPERIENCE.

Vous communiquerez de même l'Electricité à une liqueur quelconque, qui fera placée dans un petit gobelet fur un guéridon de verre, ou fur quelque appui de foufre, ou de matiere réfineufe.

Ces Expériences fe font plus com-

modément & avec plus de fuccès,
lorfqu'au lieu d'un tube on fe fert
d'un globe de verre pour communiquer l'Electricité ; alors fi le corps
qu'on veut électrifer a une certaine
longueur, on le fufpend avec des
cordons de foye : *voyez les fig.* 10 &
11. Si le corps à qui l'on veut communiquer l'Electricité, n'a point une
longueur fuffifante pour être fufpendu de la maniere qu'on vient de le
dire, on pourra le pofer ou l'attacher au bout d'une verge de fer,
d'une corde de chanvre, ou d'un
bâton fufpendu horizontalement.
Enfin fi c'eft une liqueur qu'on veuil-
le électrifer, on la placera dans une
capfule de verre, ou dans quelque
autre vafe fort ouvert comme une
jatte de fayence, de porcelaine, &c.
& l'on fera plonger dedans un fil de
métal qui pende au bout d'une verge de fer, dont l'autre extrémité
répond au globe : *voyez la fig.* 10.

Après un grand nombre d'expériences faites par diverfes perfonnes
fur toutes fortes de corps tant folides que liquides, foit avec un tube,
foit avec un globe de verre, voici

quels font les réfultats les plus con-
ftans.

## Réponfe à la feconde Queftion.

1°. Il paroît qu'il n'y a aucune
matiere en quelque état qu'elle foit
( fi l'on en excepte la flamme & les
autres fluides qui fe diffipent par un
mouvement rapide, parce qu'on ne
peut gueres les foumettre à ces fortes d'épreuves ) il n'eft, dis-je, aucune matiere qui ne reçoive l'Elec-
ricité d'un autre corps actuellement
électrique.

2°. Il y a des efpeces à qui l'on
communique l'Electricité bien plus
aifément & bien plus fortement qu'à
d'autres. Tels font les corps vivans,
les métaux, & affez généralement
toutes les matieres, qu'on ne peut
électrifer par frottement, ou qui ne
le deviennent que peu & difficilement par cette voye.

3°. Et au contraire, les corps qui
s'électrifent le mieux par frottement,
le verre, le foufre, les gommes, les
réfines, &c. ne reçoivent que peu
ou point d'Electricité par communication.

E iij

# III. QUESTION.

*Y a-t-il quelque différence remarquable entre l'Electricité acquise par communication, & celle qui est excitée par frottement ?*

Il résulte des Expériences rapportées dans la Question précédente, que le même corps agit pour l'ordinaire plus ou moins puissamment, selon qu'il a acquis l'Electricité de l'une ou de l'autre maniere. Un bâton de soufre ou de cire d'Espagne, par exemple, devient bien plus électrique quand on le frotte, que quand sa vertu lui est communiquée par un autre corps électrisé. Et au contraire, un morceau de bois que l'on électrise par communication, a toujours beaucoup plus de vertu que s'il devenoit électrique par frottement. Mais ce qu'on se propose ici, c'est de sçavoir en général si l'Electricitécommuniquée présente communément quelque différence qu'on ait lieu d'attribuer à la maniere dont on la fait naître dans un corps. Comparons donc les effets d'un corps qui s'électrise le mieux par frottement, avec ceux d'un autre corps qui devient le plus électrique par voie de communication.

## PREMIERE EXPERIENCE.

J'électrise une verge de fer de trois ou quatre lignes d'épaisseur, & de quatre ou cinq pieds de longueur, suspendue avec deux fils de soye, au-dessus du globe de verre que l'on fait frotter sur mes mains, *fig.* 10. Le premier de ces deux corps devient électrique par communication, & le dernier l'est par frottement.

J'observe alors, 1erement, que l'un & l'autre attirent des corps semblables, des feuilles de métal, des plumes, &c. à des distances à peu près égales. 2dement, l'un & l'autre étincelent & petillent quand on en approche le doigt, ou tout autre corps non électrisé ; mais le feu qui sort du fer est plus vif, & éclate davantage que celui qui vient du verre.

## SECONDE EXPERIENCE.

J'ai observé assez constamment la

même chofe en me fervant d'un globe de foufre, au lieu de celui de verre; à cela près que les effets de part & d'autre, c'eft-à-dire, de la barre & du globe, étoient plus foibles.

### TROISIEME EXPERIENCE.

Cette même Expérience faite un grand nombre de fois avec un tube de verre, & un homme placé debout fur un fupport de matiere réfineufe, m'a toujours offert le même réfultat.

### Réponfe à la troifieme Queftion.

J'ai donc crû devoir conclure de ces Epreuves. 1°. Que les effets font les mêmes au fond, foit que l'Electricité naiffe par frottement, foit qu'elle s'acquiere par communication.

2°. Que la voie de communication eft un moyen plus efficace que le frottement, pour forcer les effets de l'Electricité.

## IV. QUESTION.

*Tous les Corps légers de quelque efpece*

qu'ils foient, font-ils attirés & repoussés par un Corps électrifé ; & cette vertu a-t-elle plus de prife fur les uns que fur les autres ?

## PREMIERE EXPERIENCE.

Si l'on place fur une table de bois unie & bien feche, ou fur un carton bien liffe, des petits fragmens de feuillés d'or ou de cuivre, des petites boulettes de coton, de très-petites plumes, des brins de foye, des particules de verre foufflé très-mince, &c. & que l'on préfente au-deffus environ à un pied de diftance, un tube de verre récemment frotté ; tous ces petits corps s'élevent vers le tube électrique, & font repouffés vers la Table ; ce qui fe repete continuellement tant que dure l'Electricité du verre : mais on obferve que les feuilles de métal ont un mouvement plus vif & plus fréquent, foit d'attraction, foit de répulfion.

## SECONDE EXPERIENCE.

Sufpendez avec deux fils de foye une baguette de bois à laquelle vous attacherez des rubans de diverfes

couleurs, mais de mêmes largeur &
longueur, afin qu'ils foient tous à
peu près de même poids , *fig.* 12,
approchez-en environ à un pied de
diftance, un tube de verre électrifé,
de maniere que fa longueur foit pa-
rallele au plan formé par les rubans,
& à la ligne qui comprend toutes
leurs extrémités inférieures.

Les rubans noirs font toujours
attirés & repouffés de plus loin ou
plus fortement que les autres. S'il y
en a quelqu'un des autres couleurs
qui faffe la même chofe , on lui fait
perdre à coup fûr cette qualité qui
le diftingue , en le lavant & le faifant fécher.

Et celui de tous qui paroît obéir
le moins à la vertu Electrique du
tube , devient le plus actif & le
plus prompt , quand on le mouille , ou qu'on remplit une partie
des pores, en le cirant ou en le gom-
mant.

*Troisieme Experience.*

Mettez fur une tablette de bois
deux petits vafes de verre également remplis , l'un d'encre , l'autre

d'eau pure ; préfentez-les en les éle-
vant parallelement , à une verge de
fer électrifée dans une fituation ho-
rifontale , foit avec un tube , foit
avec un globe de verre.

Quand la furface des deux liqueurs fera à une petite diftance du
fer électrifé , chacune d'elles s'élevera en forme de monticule ; on en-
tendra un petit éclat de bruit , & fi
l'expérience fe fait dans un lieu un
peu obfcur , on appercevra en même tems une petite étincelle de feu
très-brillante. Ces trois effets , ( l'é-
lévation ou l'élancement de la liqueur , le bruit & le feu , ) font ordinairement plus fenfibles avec l'encre , qu'avec l'eau pure.

### Réponfe à la quatrieme Queftion.

Il paroît donc , 1°. qu'un Corps
actuellement Electrique exerce fon
action fur toutes fortes de matieres
indiftinctement , pourvû qu'elles ne
foient pas retenues invinciblement ,
foit par trop de poids , foit par quelque autre obftacle.

2°. Qu'il y a certaines matieres fur
lefquelles l'Electricité a plus de prife
que fur d'autres.

3°. Que cette disposition plus ou moins grande à être attiré & repoussé par un Corps électrique, dépend moins de la nature des matieres ou de leurs couleurs, que d'un assemblage plus ou moins serré de leurs parties, puisque le même ruban seulement mouillé, ciré ou gommé, devient par-là plus propre à obéir au tube électrique, & que la teinture noire ou l'encre qu'on sçait être plus dense que l'eau pure, à cause des parties ferrugineuses qu'elle contient, procure le même effet.

Il résulte encore des Expériences employées dans cette Question, que l'Electricité & le magnetisme font deux choses tout-à-fait différentes ; car l'aiman n'attire que le fer ou les matieres qui en contiennent beaucoup ; au lieu que le Corps electrisé exerce son action sur tout ce qui est assez léger pour lui obéir.

## V. QUESTION.

*L'Electricité une fois excitée, ou communiquée, dure-t-elle long-temps ; &*

*quelles font les caufes qui la font ceffer,*
*ou qui diminuent fa durée, ou fa force?*

## PREMIERE EXPERIENCE.

Faites fondre du foufre, de la réfine, ou de la cire d'Efpagne ; rempliffez-en un verre à boire un peu chauffé, & légérement enduit d'huile intérieurement : quand cette efpéce de cône fera froid & détaché de fon moule, frottez-le avec la main pour l'électrifer ; couvrez-le du même verre dans lequel il a été moulé, & repofez-le dans un endroit où perfonne ne le touche.

Si vous le vifitez au bout de cinq ou fix mois, il vous donnera encore des fignes d'Electricité. J'en ai eu plufieurs fois au bout de huit ou neuf mois.

## SECONDE EXPERIENCE.

Un tube que l'on a frotté avec la main, demeure communément une demi-heure ou trois quarts d'heure électrique, quoiqu'on le tienne en plein air, pourvû qu'on ne l'agite point trop, & qu'on le tienne feulement par une de fes extrémités.

### TROISIEME EXPERIENCE.

Un globe de verre, ou de foufre, qu'on a fortement électrifé en le frottant, & qui demeure fufpendu par les deux pointes entre lefquelles on l'a fait tourner, ne perd toute fa vertu qu'après 5 ou 6 heures affez fouvent.

### QUATRIEME EXPERIENCE.

Un tube de verre plein d'eau qu'on a fortement électrifé par le moyen du globe, & qu'on laiffe ifolé & fufpendu fur les fils de foie, eft encore électrique dix ou douze heures après, & l'on peut le toucher plufieurs fois avec le doigt fans qu'il perde toute fa vertu.

### CINQUIEME EXPERIENCE.

Mais un morceau de métal, de bois, de pierre, &c. qu'on a rendu électrique par communication, le tube (a) lui-même qui a fervi à élec-

(a) On a remarqué quelquefois à l'égard du tube, qu'il étoit encore un peu électrique dix ou douze heures après avoir été frotté, quoiqu'on l'eût pofé fur des Corps non électriques; mais cela n'arrive pas communé-

trifer , perd bien-tôt toute fa vertu ,
s'il eft manié dans toute fa furface ,
ou qu'on le repofe fur une table, fur
un lit , &c.

## SIXIEME EXPERIENCE.

Une verge de fer, ou une corde
électrifée ceffe de l'être ordinairement quand on y touche avec la
main , ou avec tout autre corps non
électrique.

Il en eft de même d'un homme à
qui l'on a communiqué l'Electricité,
à moins qu'on ne répare cette vertu
à mefure qu'il la perd , comme il arrive quand il la reçoit d'un globe
que l'on continue de frotter.

Cependant il s'eft trouvé des cas
où un homme étoit tellement électrifé , qu'il ne ceffa point de l'être,
quoiqu'il defcendît un inftant du gâteau de réfine fur lequel il étoit monté ; ou quoiqu'il touchât avec fa
main, ou avec fon pied , des corps
qui n'étoient point électriques.

J'ai obfervé auffi plufieurs fois
qu'une barre de fer qui pefoit qua-

ment , & quand cela arrive , on n'apperçoit
jamais qu'une Electricité très-foible.

tre-vingt livres, & qui avoit été long-
tems & fortement électrifée, pouvoit
être touchée plus de quinze fois fans
perdre toute fa vertu.

### SEPTIEME EXPERIENCE.

Ayant électrifé une cucurbite de
verre à demi pleine d'eau, en fuivant
le procédé qui eft décrit dans la feconde Queftion, *fig.* 10. je trouvai
& la liqueur & le vafe encore électriques trente-fix heures après: quoique je l'euffe beaucoup manié, &
que je l'euffe laiffé fur une table qui
n'étoit point ifolée.

### *Réponfe à la cinquieme Queftion.*

De tous ces faits on peut conclure;
1°. Que l'Electricité n'eft point un
état permanent ; qu'elle s'affoiblit &
qu'elle ceffe d'elle-même après un
certain temps, fuivant le dégré de
force qu'on lui fait prendre, & la
nature des matieres dans lefquelles
on la fait naître.

2°. Qu'un Corps électrifé perd
communément toute fa vertu par
l'attouchement de ceux qui ne le
font pas.

3°.

3°. Que dans le cas d'une forte Électricité, ces attouchemens ne font que diminuer la vertu du Corps électrifé, & ne la lui font perdre entiérement qu'après un efpace de temps qui peut être affez confidérable.

## VI. QUESTION.

*L'Electricité eft-elle une qualité abftraite, ou l'action de quelque matiere invifible qui foit en mouvement autour du Corps électrifé ?*

### PREMIERE EXPERIENCE.

Quand on approche le vifage, ou le revers de la main, à cinq ou fix pouces de diftance d'un tube de verre ou d'un globe électrifé, on fent des attouchemens affez femblables à ceux d'une toile d'araignée qu'on rencontreroit flottante en l'air.

### SECONDE EXPERIENCE.

Ayant fortement électrifé une groffe barre de fer, je reffentois tout autour d'elle une impreffion, que l'on pouvoit comparer à celle d'un duvet de plume, ou d'une enveloppe

F

de cotton légérement cardé ; & de
l'extrémité de cette barre il partoit
un souffle qui faisoit onduler les liqueurs qu'on y présentoit , & qu'on
ressentoit très-sensiblement à douze
ou quinze pouces de distance.

### TROISIEME EXPERIENCE.

Si l'on passe brusquement le revers
de la main le long d'un tube de verre nouvellement frotté , on entend
un pétillement qui ressemble au bruit
que fait un peigne fin , quand on
passe le bout du doigt d'un bout à
l'autre sur l'extrémité de ses dents.

### QUATRIEME EXPERIENCE.

Un Corps fortement électrisé par
communication étincelle de toutes
parts , quand on en approche de fort
près le doigt, ou un autre corps non
électrique ; & ces étincelles sont sen-
sibles jusqu'à la douleur.

### CINQUIEME EXPERIENCE.

Si l'on porte le nés vers l'extrémité d'une barre de métal qu'on électrise par le moyen du globe de verre, on sent une odeur qui tient de

celle du phofphore d'urine, & un peu de celle de l'ail.

## SIXIEME EXPERIENCE.

Un tube fortement frotté dans un lieu obfcur répand des taches lumineufes fur les Corps non électrifés, qui l'environnent à une petite diftance.

### Réponfe à la fixieme Queftion.

Il eft donc de toute évidence que les attractions, répulfions, & autres phénomenes électriques, font les effets d'un fluide fubtil, qui fe meut autour du Corps que l'on a électrifé, & qui étend fon action à une diftance plus ou moins grande felon le dégré de force qu'on lui a fait prendre. Car une fubftance qui touche, que l'on entend agir, qui fe rend vifible en certains cas & qui a de l'odeur, peut-elle être autre chofe qu'une matiere en mouvement ?

## VII. QUESTION.

Ce Fluide qui eft en mouvement autour du Corps électrifé, ne feroit-ce point l'air de l'athmofphere, agité d'une certaine façon par le Corps que l'on a frotté ?

## PREMIERE EXPERIENCE.

Suspendez un ruban ou un fil au milieu d'un récipient de machine pneumatique ; ôtez-en l'air le plus exactement qu'il sera possible ; ce ruban ou ce fil, quoique placé dans le vuide, obéira encore aux impressions d'un tube ou d'un autre corps fortement électrique, que vous en approcherez.

## SECONDE EXPERIENCE.

Faites tourner rapidement dans le vuide une boule de soufre, ou un globe de verre de trois pouces ou environ de diametre, de maniere qu'en tournant il soit frotté par quelque lame à ressort, garnie de drap ou de papier gris replié plusieurs fois sur lui-même. *Fig.* 8. Ce globe non-obstant la plus grande raréfaction d'air, devient électrique ; ce que l'on apperçoit aisément, parce qu'il attire des fils, ou autres corps légers suspendus à quelque distance de lui dans le même vaisseau.

### TROISIEME EXPERIENCE.

Mettez à deux pieds de diſtance l'une de l'autre une bougie allumée, & une petite feuille d'or ſuſpendue avec un fil fin. Placez juſtement dans le milieu des deux un tube de verre bien électriſé.

Vous remarquerez que l'Electricité du tube agira ſenſiblement ſur la feuille de métal, & qu'elle ne fera pas faire le moindre mouvement à la flâme de la bougie. Si l'air étoit en mouvement, demeureroit - elle auſſi tranquille ? Ajoutons encore quelques obſervations à ces expériences.

### PREMIERE OBSERVATION.

La matiere électrique porte une odeur très-remarquable ; l'air par lui-même n'en a point : un certain mouvement qu'il recevroit lui en pourroit-il donner ?

### SECONDE OBSERVATION.

La matiere électrique s'enflamme, éclaire & brûle, comme on le verra par la ſuite. L'air n'eſt point capable de ces effets.

### Troisieme Observation.

Nous verrons bien-tôt que quand un Corps est électrifé, il en émane & il vient à lui une matiere qui n'est point de l'air, & à qui l'on ne peut se difpenfer d'attribuer les effets de l'Electricité.

### Quatrieme Observation.

Nous verrons encore que la matiere électrique paffe à travers les vaiffeaux de verre, & autres matieres compactes que l'air ne pénétre pas.

### Réponfe à la feptieme Queftion.

Ainfi nous concluons, que la matiere électrique n'eft point l'air de l'athmofphere agité par le Corps électrique, mais un fluide diftingué de lui, puifqu'il a des propriétés effentiellement différentes; & plus fubtile que lui, puifqu'il pénétre un récipient de verre.

## VIII. QUESTION.

*La matiere électrique fe meut-elle en forme de tourbillon autour du Corps qui eft électrifé ?*

Nous entendons ici par *mouvement de tourbillon* celui d'un fluide dont les parties décrivent des cercles autour d'un centre commun, ou bien des fpires par lefquelles elles s'éloignent ou s'approchent du corps, autour duquel elles font leurs révolutions.

Puifque les corps légers qui s'approchent & qui s'éloignent du corps électrique, fe meuvent ainfi en vertu d'un fluide fubtil qui les pouffe, comme l'expérience nous l'a fait conclure à la fin de la fixieme Queftion ; c'eft par la maniere dont fe meuvent ces petits corps vifibles , que nous devons juger du mouvement propre au torrent invifible qui les dirige ; c'eft la pouffiere qui tournoie, qui m'apprend que le vent tourbillonne; & les gens de mer qui voient de loin tourner un vaiffeau malgré lui, fçavent fort bien que ce mouvement forcé lui vient d'une eau qui va par un mouvement femblable fe précipiter dans un gouffre.

## PREMIERE EXPERIENCE.

Répandez fur une table de bois , bien unie & bien féche , des corps

légers de toutes efpéces , les uns plus
petits que les autres, & préfentez au-
deffus un tube bien électrifé , vous
pourrez remarquer.

1erement. Que les plus petits, fur-
tout ceux qui feront minces & tran-
chans comme les fragmens de feuille
d'or , s'élanceront , foit de la table
au tube , foit du tube vers la table ,
prefque toujours en lignes droites.

2dement. Ceux qui ont un peu plus
de volume , ou qui font d'une figure
plus arrondie , comme les boulettes
de cotton , le duvet de plume, &c.
fouffrent le plus fouvent quelques
détours ; mais ces détours font irré-
guliers, tantôt à droite, tantôt à gau-
che , & n'annoncent point du tout
l'impulfion d'un fluide qui circule.

Il fe trouvera bien quelque cas
particulier, où la pefanteur du corps
attiré , combinée d'une certaine façon avec l'effort du fluide électrique
qui caufe cette forte d'attraction,
fera voir une courbe, dont l'imagination fera bien-tôt une parabole ,
ou une portion d'ellipfe ; mais qu'on
y faffe a tention, on verra que cet
effet vient des circonftances , & que
l'Electricité

l'Électricité agiſſant ſeule tend à porter les corps en ligne droite , ſoit
quand ils paroiſſent attirés , ſoit
quand ils ſont repouſſés.

## SECONDE EXPERIENCE.

Tenez d'une màin un tube fortement électriſé , & avec l'autre main
préſentez-lui un fil de ſoie que vous
tiendrez ſeulement par un bout. De
quelque façon que vous teniez ce fil,
vous obſerverez qu'il ſe dirigera toujours dans une ligne droite qui tend
au tube.

Cette expérience ſe fait encore
mieux quand on préſente le fil à une
barre de fer , que l'on électriſe par le
moyen du globe de verre.

## TROISIEME EXPERIENCE.

Sous une barre de fer ſuſpendue
horizontalement , & que l'on continue d'électriſer médiocrement, préſentez une feuille d'or fin , qui ait
environ un pouce & demi en quarré ; préſentez-la par ſon tranchant,
en la tenant ſur un carton , ou ſur
une feuille de papier , & ſuivez-la

G

quelque temps, en tenant le doigt ou la main deſſous.

Vous verrez aller & venir cette feuille entre votre doigt & la barre de fer ; & avec un peu d'attention & d'habitude, vous parviendrez à la faire demeurer ſuſpendue quelques pouces au-deſſous de la barre de fer: alors elle n'aura d'autre mouvement que de ſe promener comme en ſautant tout le long de la barre électriſée. (*a*)

### Réponſe à la huitieme Queſtion.

A juger des mouvemens de la matiere électrique par ceux qu'elle imprime, & par ſes effets les plus conſtans & les plus réglés, il paroît donc qu'elle ne circule point, & que l'atmoſphere qu'elle forme autour du Corps electriſé, n'eſt point un tourbillon dans le ſens que nous avons expliqué ci-deſſus.

(*a*) Cette expérience qui eſt très-jolie, eſt de M. le Cat, Chirurgien Major de l'Hôtel-Dieu de Rouen, & depuis peu Profeſſeur de Phyſique Expérimentale dans la même Ville.

# IX. QUESTION.

*Le Fluide subtil, que nous nommons matiere électrique, vient-il du Corps électrisé comme d'une source qui le lance de toutes parts ; ou bien va-t-il à lui comme à un terme où il tend de tous côtés ; ou bien enfin le même rayon de cette matie-re part-il du Corps électrique pour y re-venir aussi-tôt ?*

Ce qui donne lieu à cette question, c'est qu'on voit toujours un Corps électrique attirer & repousser en mê-me temps différents corpuscules, ou le même successivement ; & l'on sçait par ce qui a été dit ci-dessus, que l'un & l'autre mouvement est l'effet d'u-ne véritable impulsion.

## PREMIERE EXPERIENCE.

Que l'on éléve sur le bord d'une table un petit monceau de cette poussiere de bois que l'on met sur l'écriture, & qu'on en approche le bout d'un bâton de cire d'Espagne, ou un morceau d'ambre nouvelle-ment frotté. On verra distinctement une partie de cette poussiere s'élan-cer vers le Corps électrique, tandis que d'autres particules du même monceau prendront d'abord une direction toute opposée.

## SECONDE EXPERIENCE.

Si l'on met fur la main d'un homme qu'on électrife, un carton couvert de fragments de feuilles de métal, & que fous la même main de cet homme on préfente de pareils fragments à cinq ou fix pouces de diftance ; on remarquera que ceux-ci feront attirés tandis que les autres s'élanceront en l'air ; les uns viendront avec vivacité au Corps électrifé, les autres s'en écarteront avec la même activité.

## TROISIEME EXPERIENCE.

Laiffez tomber fur un tube, ou fur une boule de foufre médiocrement électrique, une feuille de métal de la grandeur d'un petit écu, un duvet de plume, des petits bouts de fil fort menus : vous obferverez très-fouvent qu'une partie de chacun de ces Corps paroît comme collée au Corps électrique, pendant que l'autre paroît foulevée & comme entraînée.

Ces effets deviendront plus fenfibles fi vous préfentez le bout du
doigt vis-à-vis de la partie adhéren-
te ; & fi vous examinez la chofe avec
attention, vous verrez que l'humidité ou l'inégalité des furfaces n'a
aucune part à cet effet, comme on
pourroit le foupçonner.

*QUATRIEME EXPERIENCE.*

Répandez fur une barre de fer fufpendue horizontalement, du tabac
rapé un peu fec, ou de la poufﬁere
de bois, ou du fon de farine ; éle-
ctrifez-la enfuite (*a*). Les parties les
plus groffieres de ces poudres feront
enlevées dans l'inftant ; mais toute
la furface demeurera encore toute
couverte des particules les plus fi-
nes, qui feront cependant emportées comme les autres, fi vous les
raffemblez en un petit tas.

(*a*) Pour exécuter plus commodément cette
expérience, il faut que quelqu'un tienne avec
la main le bout de la barre pendant qu'on
commence à frotter le globe, afin que lorfqu'on ceffera de la toucher elle devienne tout
à coup fort électrique, & qu'on voye la pouffiere partir tout à la fois.

## CINQUIEME EXPERIENCE.

Laiffez tomber fur un tube électrifé une petite feuille de métal , &
lorfqu'elle aura été repouffée en l'air,
fuivez-la en tenant le tube deffous ;
cette petite feuille demeurera fufpendue au-deffus du tube à dix-huit
pouces ou deux pieds de diftance, &
ne fera attirée de nouveau que quand
vous l'aurez touchée avec le doigt
ou avec quelque autre corps non é-
lectrique.

## SIXIEME EXPERIENCE.

Si vous mouillez avec de l'efprit-
de-vin une barre qu'on électrife, cette liqueur fe diffipera en une petite
pluie prefque infenfible ; mais pendant cette diffipation la barre de fer
n'en attirera pas moins les corps légers qui fe trouveront à fa portée.

## SEPTIEME EXPERIENCE.

Quand on a fortement électrifé un
globe de verre, & que l'on continue
de le frotter en le faifant tourner
dans un lieu obfcur ; fi l'on en
approche le doigt, un écu, un mor-

ceau de bois, & généralement toutes sortes de corps solides ou fluides,
on voit sortir distinctement de ces
corps une matiere enflammée qui
tend au globe électrisé, & qui forme
un petit torrent continuel, compo-
sé de plusieurs petits jets, plus ou
moins animés selon que le globe est
plus ou moins électrique, ou selon
la nature des matieres d'où ils sortent.

C'est un fait constant, ( & cette
remarque est de conséquence pour
ce que nous avons à dire dans la suite ) que les matieres sulphureuses,
grasses, résineuses, fournissent toujours beaucoup moins de cette matiere lumineuse que toutes les autres.

### Réponse à la neuvieme Question.

Ces expériences prouvent assez
clairement ; 1°. : Que la matiere
électrique s'élance du corps électrisé, & qu'elle se porte progressivement aux environs jusqu'à une
certaine distance, puisqu'elle emporte les corps légers qui sont à la
surface du corps électrisé, & qu'elle soutient à la hauteur de dix-huit

pouces ou plus, au-deſſus du tube électrique la petite feuille de métal qu'elle emporte.

2°. Qu'une pareille matiere vient au Corps électrique, remplacer apparemment celle qui en ſort ; car un corps ne s'épuiſe pas pour être continuellement électriſé, & comment ne s'épuiſeroit-il pas à la fin, ſi rien ne réparoit les émanations qu'il fournit ? Les corpuſcules ou les parties des corps qui demeurent appliqués à la ſurface électrique, tandis que les autres ſont enlevés, ſont des marques ſenſibles de l'exiſtence de cette matiere, & de la direction de ſon effort.

3°. Que ces deux courans de matiere qui vont en ſens contraires, exercent leurs mouvemens en même tems ; puiſque le même corps électriſé attire & repouſſe tout à la fois.

La derniere Expérience que j'ai rapportée prouve encore que cette matiere qui ſe porte au corps électriſé, lui vient non-ſeulement de l'air qui l'entoure, mais auſſi de tous les autres corps qui peuvent être

dans son voisinage. Dans le cas d'u-
ne Electricité foible, cette matiere
qui vient des Corps environnans,
demeure invisible, apparemment
parce qu'elle n'a ni assez de densité,
ni assez de vîtesse pour s'enflammer;
mais lorsque l'Electricité est plus
forte, on l'apperçoit visiblement
s'élancer du corps non électrique
vers le Corps électrisé, comme nous
aurons lieu de le dire ci-après.

## X. QUESTION.

*Les endroits par lesquels la matiere*
*électrique s'élance du Corps électrisé,*
*sont-ils en aussi grand nombre que ceux*
*par lesquels rentre celle qui vient des*
*Corps environnans?*

En considérant qu'un Corps qu'on
électrise ne s'épuise point par les
émanations continuelles qu'il fournit, on seroit tenté de croire qu'il
y a autant de passages ouverts pour
la matiere qui rentre, que pour celle
qui sort. Mais quoique le raisonne-
ment nous conduise assez naturellement à cette conséquence, ne nous
y rendons point cependant sans
avoir auparavant consulté l'expé-

rience ; car il pourroit fe faire un
jufte remplacement des émanations
électriques, quoique les pores du
Corps électrifé ne fuffent point ouverts en nombre égal pour la matiere qui rentre, & pour celle qui fort.
Ne fçait-on pas qu'un vaiffeau qui
fe vuide par une feule ouverture,
peut fe remplir en même tems par
plufieurs autres, plus petites ou égales, pourvu que l'écoulement & le
rempliffage fe faffent avec des vî-
teffes proportionnées ?

## OBSERVATION.

Quand j'électrife une barre de
fer, fur laquelle j'ai répandu du fon
de farine, je vois d'abord toutes les
parties les plus groffieres emportées, par la matiere électrique qui
s'élance du corps électrifé ; mais
j'obferve conftamment auffi, que
toute la furface du fer (quoiqu'é-
lectrique) demeure couverte d'une
pouffiere impalpable ; fi ces dernieres particules qui font comme ad-
hérentes au fer (& d'autres effets
femblables que j'ai rapportés ci-
deffus) me défignent l'action d'u-

ne matiere qui vient au Corps électrifé, comme celles qui s'envolent
me font connoître l'effort d'une matiere qui fort : en comparant le
nombre des parties reftantes avec
celui des parties qui font emportées,
j'ai tout lieu de croire que les filets
de ce fluide invifible, qui tendent
au Corps électrifé , furpaffent de
beaucoup en nombre ceux qui éma-
nent de ce même corps.

### Réponfe à la dixieme Queftion.

Cette obfervation nous difpofe
donc à penfer, que les pores par lefquels la matiere électrique s'élance
du Corps électrifé , ne font pas en
auffi grand nombre que ceux par lefquels elle y rentre. Cette propofi-
tion fera confirmée par les faits que
nous rapporterons dans la Queftion
fuivante.

### XI. QUESTION.

*Chaque pore du Corps électrifé par où
la matiere électrique s'élance , ne fournit-
il qu'un rayon ; ou ce rayon fe divife-t-il
en plufieurs ?*

Pour être en état de répondre à

cette queftion d'une maniere décifi-
ve, tâchons de rendre vifibles ces
émanations dont nous ne connoiffons encore l'exiftence que par leurs
effets ; rendons-les lumineufes, &
alors l'œil le moins attentif fera frappé de leur forme & des mouvemens
qu'elles affectent.

### PREMIERE EXPERIENCE.

Electrifez dans un lieu obfcur par
le moyen du globe de verre, une
verge de fer qui ait deux ou trois
pieds de longueur, & trois ou quatre lignes d'épaiffeur ; tant que vous
continuerez d'électrifer, vous verrez
fortir par le bout de cette verge le
plus éloigné du globe, une ou plufieurs aigrettes de matiere enflammée, dont les rayons partant d'un
point, affectent toujours une très-
grande divergence entre eux.

### SECONDE EXPERIENCE.

Répandez un grand nombre de
groffes goutes d'eau fur cette barre
de fer, que je fuppofe fufpendue
horizontalement ; & pendant qu'on
l'électrifera, paffez le plat de la main

à quelques pouces de diſtance au-
deſſus, au-deſſous, ou à côté ; de
toutes les gouttes d'eau vous verrez
ſortir autant d'aigrettes lumineuſes
ſemblables à celles dont on vient de
parler.

## TROISIEME EXPERIENCE.

Au lieu de gouttes d'eau, mettez
ſur la barre de fer des petits tas de
quelque pouſſiere, ou de tabac rap-
pé ; dans le moment que le fer devient electrique, la pouſſiere s'en-
vole ; mais vous obſerverez qu'elle
s'éléve toujours en forme de gerbe,
& qu'elle repréſente en grand l'aigrette de matiere électrique dont
elle ſuit vraiſemblablement l'impulſion.

## QUATRIEME EXPERIENCE.

Qu'on électriſe un homme qui ſoit
debout ſur un gâteau de réſine ; que
cet homme préſente le bout de ſon
doigt à quelques pouces de diſtance, vis-à-vis la main nue ou le viſage d'une autre perſonne non électrique, toujours dans un lieu obſcur.
On verra au bout du doigt de cet

homme électrifé, une belle gerbe de matiere enflammée, encore plus grande & plus brillante que celle qu'on voit au bout de la verge de fer. Cette expérience demande une électricité continue & un peu forte : ce qui ne peut fe faire qu'avec le globe de verre.

## CINQUIEME EXPERIENCE.

Si vous placez au bout de la verge de fer, ou fur la main de la perfonne qu'on électrife, un petit vafe plein d'eau qui s'écoule goutte à goutte par le moyen d'un petit fiphon, ou autrement ; ce vafe électrifé par communication, aura un écoulement continu, & cet écoulement fe divifera en plufieurs petits jets divergens, comme ceux que forme un arrofoir.

## Réponfe à la onzieme Queftion.

Toutes ces expériences nous font voir, 1°. que la matiere électrique fort du corps électrifé en forme de bouquets ou d'aigrettes, dont les rayons divergent beaucoup entre eux.

2°. Qu'elle s'élance avec la même forme des endroits même où elle demeure invifible, puifque cette forme eft repréfentée par le mouvement imprimé à la pouffiere qu'on répand fur la barre de fer, & à l'eau qui s'écoule du vafe.

3°. Que les bouquets ou aigrettes de matiere électrique s'élancent par des pores affez diftans les uns des autres, comme on peut le voir par l'expérience de la barre de fer couverte de gouttes d'eau.

Par cette troifieme conféquence, je ne prétens point dire qu'il n'y ait d'aigrettes que celles qui s'enflamment & que l'on voit; je penfe au contraire qu'il y en a beaucoup d'autres qui demeurent invifibles, parce qu'elles ne font point animées d'un degré de mouvement affez confidérable pour les faire briller aux yeux.

Je conviendrai encore volontiers que dans le nombre des pores par lefquels la matiere électrique fort du corps électrifé, il peut y en avoir plufieurs qui ne fourniffent qué des jets fimples, ou divifés en un très-petit nombre de filets ou rayons

aſſez différents de ces bouquets épanouis qu'on voit au bout de la barre
de fer.

Enfin j'imagine auſſi que la matiere électrique ne s'élance pas toujours par les mêmes endroits du
Corps électriſé , mais qu'elle ſe fait
jour tantôt par celui-ci , tantôt par
celui-là , ſuivant que certaines cir-
conſtances favoriſent plus ou moins
ſon mouvement ou ſes éruptions :
comme un fluide forcé qui s'élance
à travers le tiſſu d'une enveloppe ,
& dont les jets s'épanouiſſent en
ſortant , ſoit par la diſpoſition des
trous qui leur donnent paſſage , ſoit
par des obſtacles qu'ils rencontrent
immédiatement après leur ſortie.

La *fig.* 11. repréſente une barre
de fer électriſée , hériſſée de la matiere électrique qui en ſort : c'eſt l'i-
dée que je m'en ſuis faite après une
longue ſuite d'expériences & d'obſervations réfléchies ; & ce qui m'en-
hardit à l'expoſer ici , c'eſt qu'elle a
été adoptée par les perſonnes qui
ont le plus travaillé ſur cette matiere.

*COROLLAIRE.*

## COROLLAIRE.

Si la matiere *effluente* (a) s'élance par des pores plus rares que ceux par où rentre la matiere *affluente*, comme il y a lieu de le penfer après les expériences rapportées dans cette queftion & dans la précédente, il s'enfuit que celle-ci a moins de vîteffe que celle-là; puifqu'en suppofant que l'une ne fait que remplacer l'autre, dans un tems donné il paffe de la premiere par un plus petit nombre de pores, une quantité égale à ce qui rentre de la derniere par un plus grand nombre de paffages.

## XII. QUESTION.

*La matiere électrique qui porte fes impreffions à plufieurs pieds de diftance du corps électrifé, & qui demeure invifible, eft-elle la même que celle qui paroît en forme d'aigrettes lumineufes à la furface ou aux angles de ce même corps?*

(a) J'appelle *matiere effluente*, celle qui s'élance en forme d'aigrettes du dedans au dehors du corps électrifé; & je nomme *matiere affluente*, celle qui vient de toutes parts à ce même corps tant que dure fon Electricité.

H

## Observation.

Les aigrettes lumineuses font fur la peau une impreffion tout-à-fait femblable à celle qu'on reffent quand on approche le vifage ou la main d'un corps fortement électrifé, qui ne jette point de lumiere ; de forte qu'un aveugle à qui l'on feroit faire cette épreuve, ne pourroit point dire avec certitude, fi ce qu'il reffent vient ou d'une aigrette enflammée, ou d'une matiere que les yeux n'apperçoivent point.

## Première Expérience.

Electrifez fortement une barre de fer, de façon qu'il paroiffe au bout une ou plufieurs aigrettes lumineufes, *fig.* 11. préfentez le vifage ou le revers de la main à cinq ou fix pouces de diftance, vis-à-vis de cette aigrette enflammée.

Vous reffentirez un petit foufle qui augmentera ou qui s'affoiblira, felon que cette aigrette lumineufe deviendra plus ou moins forte, ou que vous en approcherez à une plus ou moins grande diftance.

Quelquefois ce petit vent se fait sentir sans que l'aigrette paroisse ; mais il devient toujours plus fort qu'il n'étoit dès qu'elle vient à briller; ce qui prouve assez clairement que cette lumiere qu'on apperçoit vient seulement d'une plus grande activité dans la même matiere.

## SECONDE EXPERIENCE.

Ayant électrisé une barre de fer dont le bout faisoit une aigrette lumineuse dans un lieu obscur, j'en ai fait approcher à deux pieds de distance, & vis-à-vis l'aigrette une personne qui étoit vêtue d'une étoffe tissue d'argent, & j'ai remarqué bien des fois sur cette étoffe des taches de feu, qui me sembloient être l'extrémité des rayons prolongés de l'aigrette, dont la lumiere étoit ranimée par la rencontre d'un corps vivant couvert d'un tissu métallique. On aura lieu de voir bien-tôt comment cette circonstance peut ranimer la lumiere de ces rayons prolongés & éteints.

H ij

### TROISIEME EXPERIENCE.

Pour fçavoir fi ces taches de feu étoient véritablement les extrémités ranimées des rayons prolongés de l'aigrette, j'ai fait approcher à plufieurs fois, & de plus en plus, la perfonne fur qui elles paroiffoient, & j'ai vu que ces taches s'approchoient auffi les unes des autres ; ce qui devoit arriver fi elles étoient caufées, comme je le penfois, par des rayons divergens.

Cette expérience ne réuffit pas également avec toutes fortes d'étoffes d'or ou d'argent ; celles dont le tiffu eft uniforme, & dans lefquelles on a employé le métal trait, valent mieux que les autres : les moires doivent être choifies par préférence.

### Réponfe à la douzieme Queftion.

Il y a donc toute apparence que cette matiere invifible qui agit beaucoup au-delà des aigrettes lumineufes, n'eft autre chofe qu'une prolongation de ces rayons enflammés, & que toute matiere électrique dont le mouvement n'eſt point accompagné de lumiere , ne differe de celle qui éclaire ou qui brûle , que par un moindre degré d'activité.

Feu M. Du Fay a conclu tout au contraire * ; mais il n'avoit point vu les faîts que je viens de citer , & je penſe que ceux ſur leſquels il a établi ſon opinion , & qui la rendoient vraiſemblable alors , peuvent aiſément ſe concilier avec la mienne , comme je le ferai voir dans un Ouvrage plus étendu que celui-ci. L'expérience du mercure dans le vuide , que cet habile Phyſicien a citée ** comme une de ſes plus fortes preuves , ſe réduira ſi l'on veut à nous faire connoître que le frottement qui détermine la matiere électrique à ſe mouvoir , n'eſt pas le ſeul moyen que l'on ait de la rendre lumineuſe.

## XIII. QUESTION.

*La matiere électrique , tant affluente qu'effluente , pénétre-t-elle tous les Corps*

* *Mémoires de l'Académie des Sciences ,* 1734, *p.* 525. §. 15.
** *Ibid. pag.* 517.

*folides ou fluides qu'elle rencontre dans fon paffage ; ou bien ne fait-elle que glif-fer fur leur furface ?*

## PREMIERE EXPÉRIENCE.

Electrifez, par le moyen du globe, une barre de fer ou un homme dans un lieu obfcur, jufqu'à ce qu'il en forte des aigrettes lumineufes ; confidérez attentivement les endroits d'où partent ces rayons enflammés, & vous verrez que ces émanations viennent de l'intérieur du Corps électrifé, auffi évidemment qu'un jet d'eau paroît fortir de fon ajutage.

M. Waitz, dans un Ouvrage que l'Académie de Berlin a couronné, après avoir rapporté cette expérience, ajoute, §. 103. « Si quelqu'un pré-
» tend qu'il fe faffe une émiffion réel-
» le de ces rayons hors du fer ou du
» corps électrifé, nous ne ferons
» point de fon avis, à moins qu'il ne
» nous apprenne par des raifons con-
» venables pourquoi il ne nous pa-
» roît pas de ces rayons de feu auffi
» bien au bout d'un fer émouffé, &
» dans tout le refte de fa furface :
» c'eft cependant une chofe recon-

» nue qu'un Corps liquide qui est
» forcé de s'écouler, prend son prin-
» cipal écoulement par où il trouve
» les plus grandes ouvertures ; ce qui
» ne peut aucunement se dire d'une
» pointe. «

J'avoue que j'ai été très-surpris
de trouver cette doctrine dans un E-
crit dont l'Auteur ne paroît pas nouvellement initié dans la matiere
qu'il traite ; & qui contient d'ailleurs
beaucoup d'excellentes observations
& de raisonnemens ingénieux &
plausibles : j'aurois même regardé
cet endroit comme une faute de tra-
duction (a), si des lettres que j'ai re-
çûes d'Allemagne, ne m'avoient appris positivement que M. Waitz a-
voit avancé & soutenoit cette opinion.

On suppose donc que ces rayons
lumineux qui forment les aigrettes,
au lieu d'être autant d'émanations
divergentes qui s'élancent du corps
électrisé, sont au contraire des filets

(a) L'Ouvrage est écrit en Allemand ; j'ai
été obligé, n'entendant pas cette Langue, de
le faire traduire par une personne qui n'étoit
pas bien au fait de la matiere qui y est traitée.

de matiere affluente qui convergent
à la pointe de ce même corps , &
l'on demande des preuves du contraire à quiconque ne voudroit pas
embraffer cette penfée ; mais fi quelqu'un eft obligé d'entrer en preuves,
n'eft-ce pas celui qui avance une
nouveauté ? Or j'ofe dire que c'en
eft une qui eft contre toute apparence , de prétendre que les aigrettes lumineufes qu'on voit au bout
d'une verge de fer électrifée, foient
les rayons d'une matiere enflammée
qui fe porte de l'air environnant au
corps électrique : car de tous ceux
qui ont répété, ou feulement vû cette expérience , je n'ai jamais rencon-
tré perfonne qui en eût le moindre
foupçon ; je doute même que cette
opinion , quoiqu'appuyée maintenant de l'autorité d'un habile homme , puiffe fe faire beaucoup de par-
tifans.

A quelqu'un qui me diroit en me
montrant un jet-d'eau : » Cette eau qui
» vous paroît jaillir ne fort pas du
» tuyau qui eft à fleur du baffin ; elle
» s'y précipite au contraire pour y en-
» trer : ne ferois-je pas en droit de répondre

pondre : Ce que je crois voir, tout le monde le croit comme moi ; ce que vous prétendez de contraire, vous le prétendez seul, je n'en croirai rien si je n'en vois des preuves. Mais si au lieu de m'en donner, on en exigeoit de moi pour autoriser le sentiment commun, je dirois à mon adversaire : Approchez-vous du jet-d'eau qui fait l'objet de notre dispute ; regardez attentivement, & remarquez malgré la rapidité du mouvement, qu'on ne laisse pas d'appercevoir distinctement que le fluide est dirigé de bas en haut. J'ajouterois à cela : Portez la main dans le jet, & vous sentirez une impulsion qui vous apprendra de quel côté vient l'eau. Disons donc à peu près la même chose à M. Waitz.

## OBSERVATIONS.

Observez attentivement les aigrettes lumineuses, non pas celles qui sont foibles & dont les rayons sont courts, non pas celles qui sortent du cuivre ou de l'argent, parce que les rayons plus serrés & presque confondus, ne forment presque qu'une

I

flamme dont il eſt trop difficile de
diſtinguer les parties ; mais celles
qui s'élancent d'une groſſe barre de
fer fortement électriſée, & qui ont
aſſez communément deux ou trois
pouces de longueur : & , tout préjugé à part , vous verrez une direction
bien marquée, & tout-à-fait contraire à celle que vous prétendez ; en
un mot , vous verrez que la matiere
enflammée s'élance réellement du
corps électriſé dans l'air. Préſentez
enſuite la main ou le viſage à ces
émanations, & vous ſentirez un ſouffle qui ne peut être que l'impulſion
de cette matiere. Préſentez-y un vaſe plein de liqueur , ( d'eſprit de vin,
par exemple (a), ou de ſoufre fondu )
& vous remarquerez que les aigrettes en feront onduler la ſurface d'u-
ne maniere à vous faire juger qu'elles ſont vraiment dirigées du fer é-
lectriſé dans l'air.

En voilà aſſez , je penſe, pour dé-
fendre l'opinion commune, ſçavoir

(a) On verra dans peu, que ces liquides ſont
préférables à l'eau , parce que la matiere électrique les pénétrant plus difficilement, exerce ſur eux une plus forte impulſion.

que les aigrettes lumineuses font des
émanations qui s'élancent réellement du corps électrisé. Quant à ce
qu'exige M. Waitz, « qu'on lui ap-
» prenne pourquoi il ne nous paroît
» pas de ces rayons de feu aussi bien
» au bout d'un fer émoussé, & dans
» tout le reste de sa surface : » il y a
une chose toute simple à répondre,
c'est que l'on peut voir quand on
veut de ces aigrettes de lumiere au
bout d'un fer émoussé, & à tout autre endroit de sa surface. Il est vrai
qu'elles paroissent plus volontiers
aux angles & aux pointes ; ( & peut-
être en trouvera-t-on la raison dans
les Questions suivantes ; ) mais si l'on
électrise fortement une barre de fer
qui présente par son extrémité un
quarré, dont chaque côté ait dix-
huit lignes ou deux pouces, on verra
assez souvent des aigrettes sortir de
différens points de cet espace, comme aussi des autres endroits de la surface de cette barre, sur-tout, si on
les excite en approchant le doigt à
quelque distance : & quand cela n'ar-
riveroit pas, en seroit-il moins vrai
que les aigrettes qu'on voit au bout

d'un fer pointu qu'on électrise, ont
leur mouvement du dedans au dehors ? Ces deux faits sont-ils donc
nécessairement liés ensemble ?

« Enfin c'est une chose reconnue,
» dit-on, qu'un liquide qui est forcé
» de s'écouler, prend son principal
» écoulement par où il trouve les
» plus grandes ouvertures ; ce qui ne
» peut aucunement se dire d'une
» pointe. » Les pores qui sont à la
pointe d'un fer aigu, sont-ils moins
ouverts qu'ailleurs ? L'ajutage par
où sort un jet-d'eau peut être con-
sidéré comme la pointe du tuyau de
conduite ; & s'il me plaisoit de re-
garder la pointe d'une épée qu'on
électrise, comme l'ajutage par où
s'élance principalement la matiere
électrique, quelle preuve me don-
neroit-on du contraire ?

Au reste quoique M. Waitz ne con-
vienne point avec nous, que les
rayons lumineux qui forment des aigrettes, s'élancent du dedans au dehors du corps électrisé, il résulte toujours de son opinion, que la matiere électrique a un passage libre dans
le fer & dans les autres corps qu'on

électrise : il la fait paſſer du dehors au dedans, nous la faiſons mouvoir du dedans au dehors, voilà toute la différence ; lui & moi aurons la mê-me choſe à répondre ſur la queſtion préſente.

## PREMIERE EXPERIENCE.

Prenez un vaſe de verre un peu large d'ouverture & de cinq ou ſix pouces de profondeur, qui ſoit bien net & bien ſec, tant au dedans qu'au dehors ; mettez au fond un carton liſſé couvert de fragments de feuil-les de métal ; couvrez ce vaſe ſuc-ceſſivement avec un carton, avec une petite planche mince, avec une plaque de métal, avec un morceau de glace de miroir, avec un mor-ceau de vître garni d'un bord de ci-re, d'abord ſans eau, & enſuite cou-vert d'une couche d'eau de quelques lignes d'épaiſſeur, &c. Préſentez au-deſſus de ce vaſe ainſi couvert, un tube électriſé à quelques pouces de diſtance ; ou bien portez-le ſous l'ex-trémité d'une barre de fer ſuſpen-due horizontalement, ou ſous la main d'un homme qui ſoit debout

I iij

fur un gâteau de réfine, & que l'on
électrife avec le globe ; alors vous
verrez les petites feuilles de métal
s'élever au couvercle, & retomber
enfuite à plufieurs reprifes , à pêu
près comme il arrive quand on fait
cette expérience en mettant fimplement les corps légers qu'on veut attirer fur une table.

Si l'on prétendoit que ces différens couvercles attirent & repouffent feulement en conféquence d'u-
ne Electricité qui leur eft communiquée par le tube , & non pas en
vertu d'une Electricité qui les tra-
verfe ; il fuffiroit d'obferver que
ces mouvemens alternatifs des feuilles de métal ont coutume de ceffer,
dès qu'on ôte le tube , ce qui ne devroit pas arriver fi le couvercle avoit
pris du tube une Electricité fuffifante pour caufer les effets qu'on apperçoit.

### Seconde Experience.

Que quelqu'un que l'on électrife
avec le globe , tienne en fa main une
verge de fer ; fi l'expérience fe fait
dans un lieu obfcur , & que l'Ele-

étricité soit un peu forte, il se fera une belle aigrette au bout du fer, & si on l'approche d'une personne qui soit vêtue d'une étoffe d'or ou d'argent, ou qui ait beaucoup de galons à son habit, cette personne devient étincelante de toutes parts, & chaque étincelle qui éclate lui fait sentir à travers de ses habits une piquûre qui va jusqu'à la douleur.

Cette expérience qui prouve incontestablement l'action de la matiere électrique à travers les étoffes, présente un spectacle admirable. J'ai vû quelquefois des robes ou des jupes qui devenoient si lumineuses, qu'on en distinguoit parfaitement le dessein; & cette lumiere se communiquoit à tout un cercle de huit ou dix Dames, quoiqu'on n'en touchât qu'une; les étoffes où il y a beaucoup de trait d'or ou d'argent réussissent mieux que les autres.

## TROISIEME EXPERIENCE.

Quand on électrise la barre de fer avec le globe, non seulement on voit une aigrette lumineuse au bout le plus éloigné; mais on remarque

I iiij

auſſi quelques franges de matiere enflammée qui coulent de l'autre extrémité qui répond au globe ; & ces
franges augmentent & de rayons &
de vivacité , lorſque quelqu'un approche ou ſa main ou ſon corps des
autres parties de la barre , comme
ſi la matiere électrique qui vient du
corps animé * , ſe joignoit à celle
qui vient de l'air à la barre électriſée , & procuroit par cette addition
un écoulement plus fort & plus a-
bondant : or ſi cela eſt , il faut qu'elle pénétre le fer ſelon ſa longueur.

### QUATRIEME EXPERIENCE.

Electriſez un globe de verre dans
lequel il y ait quelques petites par-
celles de bois , de cette rapure , par
exemple , qu'on met ſur l'écriture ;
arrêtez le globe , & préſentez le
bout du doigt deſſous ; vous verrez
tous ces petits corps légers s'élancer de bas en haut , apparemment
parce que la matiere électrique qui
ſort du doigt en la préſence d'un
corps électriſé , les enleve avec elle ;

* Voy. la ſeptieme Expérience de la neuvieme Queſtion.

mais pour les enlever ainſi , il faut
qu'elle pénétre l'épaiſſeur du globe.

## CINQUIEME EXPERIENCE.

Electriſez encore un pareil globe
au centre duquel vous ſoutiendrez
avec un axe de fil de fer une rondel-
le de liége d'un pouce ½ ou environ
de diamétre , garnie en ſa circonférence de pluſieurs brins de ſoie pla-
te ; arrêtez enſuite ce globe quand
vous l'aurez ſuffiſamment frotté , &
vous remarquerez que toutes les
ſoies tendent comme autant de
rayons à la circonférence de l'équateur (a) ; alors ſi vous préſentez le
doigt à quelques pouces de diſtance
du globe, celui de ces fils de ſoie
qui ſe trouvera vis-à-vis , ſe courbe-
ra en s'écartant comme s'il étoit repouſſé ; & ſelon toute apparence il

(a) Cette expérience qui eſt d'Hauxbée ,
eſt une de celles qui ont eû le plus de célébrité. On ajoute encore au ſpectacle qu'elle
préſente , quand on entoure l'équateur du
globe avec un cercle qui en eſt diſtant de ſept
à huit pouces, & que ce cercle eſt garni de
pluſieurs fils de ſoie. Car lorſque le verre devient électrique , tous ces fils ſe dirigent
vers le centre du globe comme autant de
rayons convergens.

l'est en effet, par la matiere qui va du doigt non électrique au verre électrifé.

Diroit-on que cette foie s'écarte, parce que le doigt en s'approchant déséledrife la partie du globe à laquelle elle répond ?

Mais outre que cette foie revient quand on éloigne le doigt, (ce qui prouve que le verre eft toujours électrique en cet endroit) s'il avoit ceffé de l'être, la foie n'auroit pas dû s'écarter feulement en fuivant la direction du doigt, elle devroit, à ce qu'il femble, retomber attirée par l'Eledtricité des parties inférieures du globe, & de plus par l'effort de fa pefanteur.

## Réponfe à la treizieme Queftion.

Il paroît donc par tous les faits que je viens de rapporter, & par bien d'autres que je fuis obligé de fupprimer, pour me renfermer dans les bornes d'un abrégé, il paroît, dis-je, que la matiere électrique, tant celle qui émane des corps électrifés, que celle qui vient à eux des corps environnans, eft affez fubtile pour

paſſer à travers des corps les plus
durs & les plus compacts, & qu'elle
les pénétre réellement.

## XIV. QUESTION.

*La matiere électrique pénétre-t-elle tous
les Corps indiſtinctement avec une égale
facilité ; & s'il y a quelque différence,
qui ſont ceux qui ſont le moins perméables à cette matiere ?*

Il paroît par ce qui a été rapporté dans les Queſtions précédentes,
& principalement dans la neuvieme, que l'Electricité eſt l'état d'un
corps dans lequel une matiere électrique *affluente* des environs rempla-
ce continuellement celle qui en ſort,
& que j'ai nommée *effluente* : ainſi
quand un corps s'électriſe plus facilement qu'un autre, c'eſt apparemment que la matiere électrique en
ſort avec plus de facilité que d'un
autre corps, & qu'elle y rentre de
même ; & au contraire on peut dire
que cette même matiere ne pénétre que difficilement, ſoit pour entrer ſoit pour ſortir, les corps qu'on
a peine à rendre électriques. Or nous
avons vû par les expériences rap-

portées dans la seconde Question; que les corps vivans, les métaux, & généralement tout ce qui ne s'électrise que peu ou point par le frottement, acquiert promptement & puissamment l'Electricité par communication, & qu'au contraire le verre, le soufre, les gommes, les réfines, &c. & en général tout ce qu'on électrise le mieux en frottant, ne prend qu'une vertu foible, si on essaie de la lui communiquer. Il est donc à présumer que dans les corps de la premiere claffe la matiere électrique a des mouvemens plus libres, & qu'au contraire ceux de la seconde claffe font moins perméables pour elle : c'est à l'expérience à confirmer ou à détruire cette présomption.

## PREMIERE EXPERIENCE.

Si l'on effaie d'électrifer un bâton de foufre ou de cire d'Efpagne, ou un tube de verre fufpendu comme la barre de fer avec des fils de foie, on n'en verra pas fortir communément comme du métal, ces belles aigrettes lumineufes, & l'on ne fentira pas autour de ces corps ces écoulemens qui touchent la peau comme un souffle léger ou des toiles d'araignée : quand on en approchera le doigt, on n'excitera pas ces étincelles vives & brillantes, qu'on voit à la surface d'une barre de fer électrifée ; à peine appercevra-t-on une petite lueur morne & rampante qui ne se fera presque pas sentir.

### SECONDE EXPERIENCE.

Mettez des fragments de feuilles d'or dans un vase de verre dont l'ouverture soit large ; couvrez-le d'une plaque de résine, de soufre, de cire d'Espagne, de cire blanche dont on fait la bougie, & généralement de toute matiere grasse ou résineuse ; présentez au-dessus un tube nouvellement frotté, à peine pourrez-vous imprimer quelque léger mouvement d'attraction ou de répulsion aux petites feuilles qui sont au fond du vase ; au lieu qu'elles seroient vivement attirées, si le vase étoit couvert de bois, de carton, de métal, &c. comme on l'a vû ci-dessus *.

* Page 101. Premiere Exper. de la Treizieme Question.

## TROISIEME EXPERIENCE.

Quand on communique l'Electricité à un tube de verre rempli d'air,
on a beaucoup de peine à faire paffer les écoulemens électriques d'un
bout à l'autre ; il arrive rarement
qu'il en forte des aigrettes lumineufes : mais c'eft tout le contraire fi ce
tube eft rempli d'eau, ou de limaille
de fer ; il étincelle de toutes parts
quand on en approche la main, &
l'on apperçoit des franges ou des petites gerbes de matiere enflammée
aux extrémités, fur-tout s'il eft bou-
ché de part & d'autre avec un morceau de liége, dans lequel on ait fi-
ché un fil de métal de deux ou trois
pouces de longueur.

## QUATRIEME EXPERIENCE.

Prenez une corde de chanvre qui
ait trois ou quatre toifes de longueur, & groffe à peu près comme
une plume à écrire. Attachez-la d'u-
ne part à un fil de foie long de quinze ou dix-huit pouces, fixé en quelque endroit ; tendez votre corde
dans une fituation horizontale, &

fixez-la de l'autre part à un fil de
foie femblable au premier, de maniere qu'il y en ait un bout qui pende & qui porte une orange, une pom-
me, ou une boule de bois, &c. à
quelques pouces au-deſſus d'une table ou d'un ſupport, ſur lequel vous
mettrez des fragments de feuilles de
métal. Voyez la *fig.* 13. Alors ſi vous
approchez le tube électriſé en *A*,
en un inſtant toute la corde devient
électrique, & la boule *B* attire & repouſſe continuellement les petites
feuilles d'or.

Cette expérience a réuſſi avec une
corde de 1256 pieds de France, qui
n'étoit électriſée que par un tube * ;
à quelle diſtance ne porteroit-on
pas l'Electricité, ſi l'on électriſoit une
corde plus longue avec un globe de
verre (*a*)?

* *Mém. de l'Acad. des Sciences.* 1733. *p.* 247.

(*a*) Quand la corde eſt fort longue, il faut
la ſoutenir d'eſpace en eſpace avec des fils de
ſoie tendus horizontalement entre deux pi-
quets *C*, *D*.

Il n'eſt pas beſoin que la corde ſoit exactement tendue en ligne droite : on peut auſſi
lui faire faire pluſieurs retours, quand on n'a
point un eſpace aſſez long pour la tendre
dans une ſeule & même direction.

## Cinquieme Experience.

Mais au lieu d'une corde de chanvre, si l'on essaie d'électriser de même un cordon de soie, ne fût-il que de deux toises de longueur, on ne réussira pas ; ce qui fait bien voir que la matiere électrique ne coule pas avec une égale liberté dans toutes sortes de corps.

Une circonstance qui prouve encore la même chose, c'est-à-dire, la facilité plus ou moins grande, avec laquelle le fluide électrique pénétre certaines matieres, c'est que la corde de chanvre qui s'électrise toujours quoique séche, devient beaucoup plus électrique quand on la mouille; & celle de soie qui ne l'est point du tout dans son état naturel, le de-

Cette expérience se fait très-bien en plein air ; mais il est bon que le bout de la corde qui porte la boule soit à couvert, afin que le vent n'agite point les feuilles d'or qui sont dessous.

On peut faire aussi cette expérience avec toute autre chose qu'une corde tendue ; un gros fil ou une chaine de fer, par exemple, réussit fort bien ; ou si l'on veut, plusieurs personnes qui se tiennent par la main, & qui sont debout sur des gâteaux de résine.

vient

vient un peu moyennant cette préparation.

## SIXIEME EXPERIENCE.

Quand on préfente le doigt aux aigrettes qui fortent d'une barre de fer électrifée, à deux pouces de diftance ou environ, on peut remarquer que les rayons enflammés deviennent moins divergens qu'ils ne le font naturellement : on les voit fe courber vers le doigt, comme s'ils y trouvoient une entrée plus libre que dans l'air même de l'atmofphere. *Fig.* 11.

## SEPTIEME EXPERIENCE.

Si l'on répete la derniere expérience de la onzieme Queftion, & que l'on préfente le doigt ou un morceau de métal aux petits jets divergens qui font animés par la matiere électrique, on les verra diftinctement fe détourner de leur direction ordinaire pour fe porter vers le corps qu'on leur préfente.

## HUITIEME EXPERIENCE.

Les effets que je viens de rappor-

K

ter dans les deux expériences précédentes, font tout-à-fait différens, fi l'on préfente aux aigrettes lumineufes, ou aux filets d'eau électriques, un morceau de foufre, ou de réfine, à moins que ces corps n'ayent été récemment chauffés ou frottés; encore remarqueroit-on une grande différence entre eux & le doigt ou le fer, pour détourner ou abforber les émanations électriques.

## PREMIERE OBSERVATION.

C'eft ici le lieu de rappeller une remarque que j'ai faite en rapportant la feptieme expérience de la neuvieme Queftion; fçavoir, que quand on approche d'un globe qu'on électrife, des matieres fulphureufes, graffes ou réfineufes, il en fort beaucoup moins de cette matiere lumineufe ou enflammée, qu'on voit couler de tous les autres corps qui font appliqués à pareille épreuve; car ce fluide eft une matiere électrique affluente, qui vient, comme on voit, ou plus librement ou plus abondamment d'un corps que d'un autre fuivant l'efpéce.

## SECONDE OBSERVATION.

On peut obferver auffi que les rayons électriques qui partent d'un tube ou d'un globe de verre électrifé, & qui ne s'étendent dans l'air qu'à quelques pieds de diftance, fe prolongent prodigieufement quand on leur donne lieu d'enfiler une barre de fer, une corde, une piece de bois, &c. comme il paroît par les expériences rapportées ci-deffus. D'où l'on peut conclure ce qui fuit :

*Réponfe à la quatorzieme Queftion.*

1°. Que la matiere électrique ne pénétre pas tous les corps indiftinctement avec la même facilité, puifque l'expérience fait voir qu'il y en a où elle entre, & dans lefquels elle coule très-aifément, & d'où elle fort de même.

2°. Que les matieres fulphureufes, graffes, ou réfineufes, les gommes, la cire, la foie, &c. ne la reçoivent & ne la tranfmettent que peu, ou point du tout.

3°. Que la matiere électrique pénétre plus aifément, & fe meut avec

K ij

plus de liberté dans les métaux, dans les corps animés, dans une corde de chanvre, dans l'eau, &c. que dans l'air même de notre atmofphere.

## XV. QUESTION.

*La matiere électrique ne réfide-t-elle que dans certains corps ; ou bien eft-ce un fluide généralement répandu par-tout?*

Les expériences que j'ai rapportées dans les Queftions qui ont précédé celle-ci, me donnent lieu d'obferver :

1°. Qu'un corps n'eft actuellement électrique, que quand il en fort des émanations que j'ai nommées *matiere effluente*, & que ces émanations font continuellement remplacées par un autre courant de matiere, que j'ai appellée *affluente*.

2°. Que ces deux matieres *effluente* & *affluente*, font tout-à-fait femblables, & qu'elles ne different entre elles que par la direction de leur mouvement, puifqu'elles ont prife fur les mêmes corps, qu'elles pénétrent les mêmes milieux, qu'elles font fufceptibles des mêmes obftacles, qu'elles brillent de la même lumiere quand elles s'enflamment.

3°. Qu'un tube de verre ou tout autre corps propre à s'électrifer, devient électrique & continue de l'être pendant quelque temps, non feulement lorfqu'il a autour de lui des corps folides qui lui fourniffent ( inconteftablement comme l'on fçait ) une matiere affluente, mais auffi lorfqu'il eft ifolé en plein air.

## Réponse à la quinzieme Queftion.

De ces obfervations il me femble qu'on peut conclure que la matiere électrique eft par-tout, au-dedans comme au-dehors des corps folides, & fpécialement dans l'air même de notre atmofphere. Au moins peut-on le fuppofer comme une hypothefe très-vraifemblable.

## XVI. QUESTION.

*Y a-t-il dans la nature deux fortes d'Electricités effentiellement différentes l'une de l'autre ?*

Feu M. Dufay féduit par de fortes apparences, & embarraffé par des faits qu'il n'étoit gueres poffible de rapporter au même principe il y a

douze ans, c'est-à-dire dans un temps
où l'on ignoroit encore bien des
choses qui se sont manifestées depuis, M. Dufay, dis-je, a conclu pour
l'affirmative sur la question dont il
s'agit *. Maintenant bien des raisons tirées de l'expérience, me font
pencher fortement pour l'opinion
contraire ; & je ne suis pas le seul
de ceux qui ont examiné & suivi les
phénomenes électriques, qui aban-
donne la distinction des deux Electricités *résineuse* & *vitrée* : mais le res-
pect que je dois à la mémoire de M.
Dufay, & le désir que j'ai de mettre
la vérité dans tout son jour, si elle
est de mon côté, ne me permettent
pas de discuter dans un simple ab-
brégé les faits qu'on peut alléguer
de part & d'autre, & de les ramener tous avec assez d'évidence au
principe d'une seule & même Electricité ; je réserve donc cette Partie
pour un Mémoire académique, ou
pour un Traité plus complet que je
me dispose à offrir au Public.

Au reste quand bien même il y au-

* *Mémoires de l'Acad. des Sciences.* 1734.
*p.* 524. *S.* 2.

roit deux fortes de matiere électrique, il eſt vraiſemblable qu’elles dif-
féreroient plutôt entre elles par la
nature, la grandeur ou la figure de
leurs parties, que par leur façon de ſe
mouvoir ; & comme l’Electricité en
général conſiſte principalement dans
les mouvemens contraires des deux
courans, dans l’*effluence* & l’*affluence*,
il y a tout lieu de croire que quiconque dévoilera le méchaniſme de
l’une, touchera de fort près à l’autre.

## XVII. QUESTION.

*La matiere électrique ne ſeroit-elle pas
la même que celle qu’on appelle, feu élémentaire, ou lumiere ?*

Ce que le vulgaire appelle feu,
n’eſt autre choſe qu’un corps enflammé dont les parties ſe diſſipent; mais
cette diſſipation qui ſe fait ſous la
forme de vapeurs, de fumée, & de
flamme, eſt cauſée, ſelon l’opinion
de preſque tous les Phyſiciens, par
l’action d’un fluide ſubtil & violem-
ment agité, qui ſe dilate entre les
parties d’un corps dont il occupe
les moindres pores ; & c’eſt ce fluide
qu’on regarde comme l’élément du

feu, & qu'on suppose par bien des raisons être présent par-tout.

Ce fluide s'appelle *feu*, lorsque son action forcée détruit ou dissipe les corps qui le renferment. On lui donne le nom de *lumiere*, lorsque dégagé de toute substance grossiere, ses parties sont contiguës entre elles dans un milieu transparent, & que les filets ou rayons qu'elles forment par leur continuité & leur allignement, reçoivent d'un astre ou d'un corps enflammé, une certaine agitation qu'elles transmettent jusqu'à nos yeux.

Ainsi la même matiere opère différens effets, & reçoit différens noms, suivant qu'elle est agitée de l'une ou de l'autre maniere, suivant qu'elle est, pour ainsi dire, armée de parties étrangeres qui augmentent sa masse & son effort, ou qu'elle agit seule & dégagée de toute autre matiere. Voilà l'idée qu'on s'est faite de cet élément; & cette idée se confirme tous les jours par l'expérience & par les observations.

Mais une des plus fortes raisons qui porte à croire que le feu &

la lumiere ne font au fond qu'une feule & même matiere, différemment modifiée , c'eft que le feu éclaire prefque toujours , & qu'il y a bien des cas où la lumiere brûle : la Nature qui économife tant fur la production des Etres, tandis qu'elle multiplie fi libéralement leurs propriétés , auroit-elle établi deux caufes pour deux effets auxquels il paroît qu'une des deux peut fuffire ?

Cette raifon eft affurément bien plaufible , & l'on peut en faire auffi l'application à la matiere électrique. Ceux qui en ont examiné la nature, & qui en ont jugé par analogie, ont prefque tous prononcé que le feu, la lumiere & l'Electricité partoient du même principe. Je pourrois citer en faveur de cette opinion des noms qui lui donneroient beaucoup de poids ; mais quelque refpectables que foient ces autorités, je dois m'en abftenir dans un Ouvrage où je me fuis propofé d'écarter toute prévention , & de n'établir aucun jugement que fur des faits. Examinons donc en fuivant cette derniere voie, quels rapports il y a entre cette matiere

L

qui brûle, celle qui éclaire, & celle qui caufe ces mouvemens d'attractions & de répulfions, que nous voyons autour des corps électrifés.

## PREMIERE EXPERIENCE.

Electrifez avec le globe quelqu'un qui foit placé fur un gâteau de réfine, ou affis fur une planche fufpendue avec des cordons de foie : à quelque endroit du corps de cette perfonne que vous préfentiez le doigt, ou une verge de métal, une piece de monnoie, &c. vous en tirerez des étincelles très-brillantes & très-piquantes.

Si cette même perfonne préfente le doigt à la main ou au vifage d'une autre à quelques pouces de diftance, on verra entre l'une & l'autre une belle aigrette de matiere enflammée, comme on l'a déja rapporté dans la quatrieme expérience de la onzieme Queftion ; & fi les parties s'approchent de plus près, on verra les rayons de l'aigrette diminuer de divergence jufqu'au parallelifme, & fe convertir en un trait de feu très-brillant & fenfible jufqu'à la douleur.

Enfin ſi l'on préſente dans une cuillere d'argent de l'eſprit de vin, ou quelqu'autre liqueur inflammable, un peu chauffée, la perſonne électriſée en approchant le bout du doigt perpendiculairement au-deſſus, enflammera la liqueur.

On verra le même effet, ſi la perſonne électriſée tient la cuillere par le manche, & qu'une autre non électriſée préſente le bout du doigt à la liqueur (a).

Comme la matiere enflammée ſort de tous les corps qui ne ſont pas réſineux ou ſulphureux, on pourra enflammer l'eſprit de vin non ſeulement avec le bout du doigt, mais avec un morceau de fer, un bâton, & même un petit glaçon que l'on tiendra dans ſa main. Mais pour cela il faut que l'Electricité ſoit bien forte.

Dans cette expérience on voit que la matiere électrique, tant affluente qu'effluente, éclaire, pique & brûle : fonctions communes à celle du feu & de la lumiere.

(a) Il ne faut pas que le doigt touche la liqueur, mais qu'il en approche de fort près ſeulement.

## Premiere Observation.

Le feu n'agit pas de lui-même & fans être excité ; les corps qui en contiennent le plus, ou qui ont le plus de difpofition à fe prêter à fon action, les huiles, les efprits, & vapeurs qu'on nomme *inflammables*, les phofphores, ne s'embrafent point d'eux-mêmes ; il faut que quelque caufe particuliere développe ou excite le principe d'inflammation qui eft en eux : mais de tous les moyens propres à animer ce principe, il n'en eft point de plus efficace & de plus prompt que celui-là même qui fait naître primitivement l'Electricité; les corps deviennent électriques de la même maniere qu'on les rend chauds ; en les frottant on fait l'un & l'autre. Ils peuvent être électrifés par communication, comme un corps peut être embrafé par un autre qui l'a été avant lui : mais il faut toujours que celui de qui ils tiennent leur vertu ait été frotté; à peu près comme la flamme qui confume une bougie vient originairement d'une étincelle que le frottement ou la collifion a fait naître.

## SECONDE OBSERVATION.

Quand on frotte un corps pour l'échauffer, la chaleur pour l'ordinaire naît d'autant plus vîte, & devient d'autant plus grande, que ce corps est plus dense, ou que ses parties sont plus élastiques : le plomb s'échauffe foiblement sous la lime & sous le marteau ; mais le fer & l'acier y deviennent brûlants, parce qu'ils ont plus de ressort que les autres métaux. On peut remarquer aussi que les corps capables de devenir électriques par frottement, acquièrent cet état d'autant plus vîte, & dans un dégré d'autant plus éminent que leurs parties sont plus roides & plus propres à une vive réaction. La cire blanche de bougie, par exemple, qui devient un peu électrique pendant le grand froid, ne l'est point du tout quand on l'éprouve par un temps & dans un lieu chaud; la cire d'Espagne le devient davantage en tout temps, mais elle ne l'est jamais autant que le soufre & l'ambre, qui peuvent être frottés plus fortement & plus long-temps,

fans que leurs parties s'amolliffent
& perdent leur reffort. N'eft-ce point
auffi par cette derniere raifon, que
le verre frotté devient plus électrique qu'aucune autre matiere connue?

## Troisieme Observation.

L'action du feu femble s'étendre
davantage & avec plus de facilité
dans les métaux que dans toute autre efpéce de corps folide : fi l'on
tient par un bout une verge de fer,
de cuivre, d'argent, &c. de médiocre longueur, & que l'autre extrémité touche au feu, la chaleur fe
communique bientôt jufqu'à la main:
on n'apperçoit pas la même chofe
avec une regle de bois, un tuyau de
pipe, un tube de verre, une plaque
de marbre ou d'autre pierre. Je ne
m'arrête point à chercher ici la raifon de cette différence ; mais j'obferve feulement que l'Electricité, comme la chaleur, s'étend facilement
dans les métaux & dans tout ce qui
en contient confidérablement. Si j'é-
lectrife, par exemple, une barre de
métal, & en même temps avec les
mêmes foins, tel autre corps que ce

soit, tant du regne végétal que du regne minéral, qui ne soit point métallique, jamais je n'apperçois autant d'Electricité dans celui-ci que dans l'autre.

## QUATRIEME OBSERVATION.

Le feu qui ne trouve pas d'obstacle, qui est libre de toute matiere étrangere, (je parle toujours du feu élémentaire, & j'excepte les cas où ses rayons sont condensés par réflection, par réfraction, ou autrement;) le feu, dis-je, qui cede au premier dégré de mouvement qu'on lui imprime, se dissipe sans chaleur sensible, & ne produit tout au plus que de la lumiere : mais quand son effort est retardé, & qu'il trouve de l'opposition, il croît de plus en plus par la force qui continue de l'animer; & s'il vient à rompre ce qui le retient, semblable à la bombe qui éclate, il s'arme, pour ainsi dire, des parties de la matiere qu'il a divisée; il heurte avec violence les corps qui sont exposés à son choc, & à travers desquels il passeroit librement & sans effet s'il étoit seul. Ce principe est

L iiij

prouvé par une infinité de phénomenes familiers. Citons-en feulement
deux ou trois.

L'efprit de vin dont on s'eft mouillé le doigt, s'allume aifément à la
bougie ; mais à peine en fent-on la
flamme : fi l'on faifoit la même épreuve avec quelque huile pefante, ou
quelque autre matiere graffe, elle
s'embraferoit plus tard ou plus difficilement ; mais le feu fe feroit d'autant mieux fentir, qu'il auroit eû plus
de peine à rompre les liens qui le re-
tenoient.

Le feu qui ne dévore que de la
paille, n'a pas la même ardeur que
s'il embrafoit du bois neuf.

De quelque nature que foit fon a-
liment, fon activité augmente ou
diminue, fuivant la denfité où le reffort de l'air qui l'environne & qui
s'oppofe à fon expanfion.

Enfin le feu qui s'évapore de lui-
même à la fuperficie du phofphore d'urine, n'eft que lumiere ; mais
le feu intérieur qu'on excite en frottant ce même phofphore devient
bientôt un véritable embrafement.

En adoptant le même principe

pour l'Electricité, je trouve auſſi des faits qui ſemblent juſtifier cette application. En voici un des plus remarquables.

## SECONDE EXPERIENCE.

Si j'électriſe extérieurement, ſoit en frottant, ſoit par communication, un globe, ou tout autre vaiſſeau de verre, qui ſoit vuide d'air, & purgé par conſéquent des vapeurs dont ce fluide eſt toujours chargé ; je n'apperçois au-dedans qu'une lumiere diffuſe, à peu près comme celle des éclairs que la grande chaleur fait naître par un temps ſerein. Cette Electricité intérieure ne ſe manifeſte plus comme d'ordinaire, par des pétillemens, des petits éclats, des étincelles ; apparemment parce que le vaiſſeau purgé d'air, ne contient plus qu'un feu élémentaire, purgé & dégagé de toute ſubſtance étrangere ; ce fluide, au moindre mouvement qu'on lui communique, s'enflamme ſans effort, mais auſſi ſans autre effet que celui de luire dans l'obſcurité. (a).

(a) Cette expérience ſe peut faire auſſi avec un tube de verre fermé hermétiquement par un bout, & garni par l'autre d'un robi-

## CINQUIEME OBSERVATION.

La matiere du feu faifant fonction de lumiere, fe meut pour l'ordinaire plus librement dans un corps denfe, que dans un milieu plus rare : c'eft au moins une conféquence qu'on a crû devoir tirer des loix qu'on lui voit fuivre communément dans fa réfraction ; la matiere électrique paroît affecter auffi de fe mouvoir le plus long-temps & le plus loin qu'il eft poffible, dans le corps folide qui eft électrifé, comme fi l'air environnant étoit pour elle un milieu moins perméable. Il en fort plus par les extrémités & par les angles faillans d'une barre de fer, que de partout ailleurs de cette même barre ; c'eft à ces angles qu'elle fe manifefte davantage, comme il eft aifé d'en juger par les émanations lumineufes : fi l'on électrife plufieurs perfonnes qui fe tiennent par la main, ou

net, qui puiffe s'appliquer à une machine pneumatique pour être purgé d'air.

Quand on fe fert d'un globe, dont une grande partie de la furface intérieure eft enduite de cire d'Efpagne, l'effet eft encore plus admirable ; car l'enduit devient tranfparent au point de laiffer voir la main de celui qui frotte.

plusieurs barres de fer qui soient suspendues bout à bout, l'Electricité passe comme on sçait de l'une à l'autre, & s'étend incomparablement plus loin qu'elle ne peut faire dans l'air, lorsqu'une fois elle a quitté le corps d'où elle part.

## SIXIEME OBSERVATION.

Le mouvement de la lumiere se transmet en un instant à de grandes distances, soit qu'elle vienne directement de sa source, soit qu'on la réfléchisse ou qu'on la réfracte. Cette matiere si subtile, si élastique, se trouve apparemment si libre dans les corps diaphanes les plus denses que nous connoissions, que plusieurs de ses rayons y jouissent toujours d'une contiguité non interrompue, & par toutes ces raisons son mouvement se transmet fort loin dans un temps très-court. L'expérience nous montre aussi que l'Electricité parcourt en un clin d'œil un espace très-considérable, pourvû qu'elle trouve des milieux propres à transmettre son action.

Je pourrois rappeller ici celle de

la corde qui devient en un inftant

* 14e. Queft. p. 110.

électrique dans toute fa longueur, quoiqu'elle ait plus de 200 toifes.*; mais voici un fait plus nouveau, plus fürprenant encore, & qui peut fervir mieux que tout autre à montrer combien la matiere électrique reffemble à celle de la lumiere, par l'extréme promptitude de fon action & de fa propagation à de grandes diftances.

### TROISIEME EXPERIENCE.

Electrifez par le moyen du globe une verge de fer ou de quelque autre métal, fufpendue par deux fils de foie dans une fituation horizontale ; laiffez pendre librement un fil d'archal ou de leton au bout de cette verge, le plus éloigné du globe: tenez d'une main un vafe de verre en partie plein d'eau, dans laquelle plongera le fil de métal fufpendu ; avec l'autre main effayez d'exciter une étincelle, à tel endroit que vous voudrez de la verge de fer ou du fil de métal qui pend au bout, & qui plonge dans l'eau du vafe. *Fig.* 14.

Vous reffentirez une commotion

très-forte & très-subite dans les deux bras, & même dans la poitrine & dans le reste du corps.

Voilà le fait tel qu'il nous a été communiqué au commencement du mois de Janvier de la présente année 1746. par MM. Muschenbroek & Allamand de Leyde, ce qui fait que nous l'avons nommée l'*Expérience de Leyde*. Elle a été variée depuis de différentes façons, avec des circonstances remarquables (*a*). En

(*a*) 1°. Il faut avoir soin que le vase de verre qui contient l'eau, soit bien net & bien sec, tant au dehors qu'au dedans, à la partie qui reste vuide.

2°. Il faut que celui qui tient le vase, le touche par l'endroit qui contient l'eau.

3°. Au lieu d'eau on peut employer du mercure, & d'autres liquides qui ne soient ni sulphureux ni gras. On peut même employer de la limaille de fer, du sablon, &c.

4°. Tout autre vase que du verre, ou de la porcelaine, ne réussit pas.

5°. Au lieu de tenir le vase dans sa main, on peut le poser sur un support de métal, & alors si l'on tient seulement un doigt appliqué au verre ou au support, on ressent le coup.

6°. Si la chaîne est interrompue, ou que deux des personnes qui la forment, tiennent chacune par un bout un bâton de soufre, de cire d'Espagne, de résine, &c. l'effet ordinaire n'a pas lieu.

voici une qui paroît prouver affez
bien, non feulement que la matiere
de l'Electricité pénétre intimement
les corps, qu'elle réfide dans toutes
leurs parties, mais auffi qu'elle reçoit
à la maniere des fluides le choc
qu'on lui imprime, & que fon action,
comme celle de la lumiere, paffe en
un inftant à des diftances très-confi-
dérables.

## QUATRIEME EXPERIENCE.

Au lieu de faire tirer l'étincelle à
la même perfonne qui tient le vafe, comme dans l'expérience précédente, formez une chaîne de trente

7°. Le coup eft plus fort quand le globe eft
plus gros, plus épais, plus frotté ; quand le
vafe qui contient l'eau eft plus large ; quand
la barre de fer qui conduit l'Electricité eft
plus groffe. En augmentant l'effet par ce dernier moyen, j'ai tué du fecond coup un oi-
feau : ce qui me fait croire qu'on pourroit
bleffer quelqu'un qui s'expoferoit imprudem-
ment à cette expérience ; les femmes encein-
tes fur-tout, les perfonnes délicates, ne doivent pas s'y expofer.

8°. Au lieu d'une barre de fer on peut électrifer un homme qui ait une main au globe,
& l'autre plongée dans le vafe, il reffentira
la même commotion que ceux qui tiennent
le vafe & qui tirent l'étincelle.

ou quarante hommes qui se tiennent tous par les mains ; ou si vous n'avez pas assez de monde , faites communiquer un homme à un autre homme par une barre de fer dont ils tiendront chacun un bout ; que le premier de la bande tienne le vase à demi plein d'eau sous le fil de métal , & que le dernier tire l'étincelle de la verge de fer.

Tous ceux qui participeront à cette expérience, ressentiront en même temps la commotion qui en est l'effet ordinaire. Cela m'a réussi parfaitement avec deux cens hommes, qui formoient deux rangs dont chacun avoit plus de cent cinquante pieds de longueur ; & je ne doute nullement qu'on n'eût le même succès avec deux mille & davantage.

## SEPTIEME OBSERVATION.

Enfin l'Electricité , comme le feu, n'a jamais plus de force que pendant le grand froid , lorsque l'air est sec & fort dense ; au contraire pendant les grandes chaleurs, ou bien lorsqu'il fait un temps humide , il arrive rarement que ces sortes d'expériences réussissent bien.

L'humidité eſt plus à craindre pour les corps qu'on veut électriſer par frottement, que pour ceux à qui l'on veut ſeulement communiquer l'Electricité : une corde mouillée tranſmet fort bien cette vertu, & l'eau même devient électrique : mais un tube de verre ne donne preſque aucun ſigne d'Electricité, quand on le frotte avec un corps, ou dans un air qui n'eſt pas bien ſec : c'eſt en quoi j'apperçois encore une certaine analogie avec le feu ; car l'embraſement, de même que l'Electricité, ne naît point dans des matieres qui ſont fort humides ; mais s'il eſt excité d'ailleurs, la chaleur qui en eſt l'effet s'y communique aiſément.

## Réponſe à la dix-ſeptieme Queſtion.

Par les expériences & les obſervations rapportées dans cette Queſtion, il paroît que la matiere qui fait l'Electricité, ou qui en opere les phénomenes, eſt la même que celle du feu & de la lumiere. Une matiere qui brûle, qui éclaire, & qui a tant de propriétés communes avec celle qui

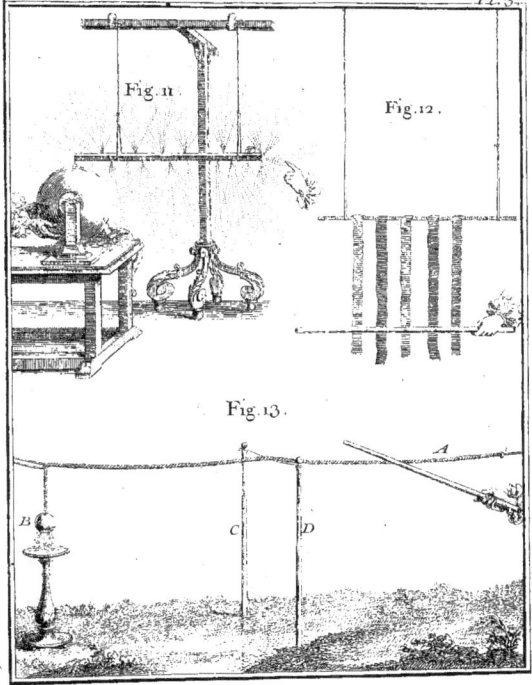

Pl. 3.

Fig. 11.

Fig. 12.

Fig. 13.

qui embrafe les corps , & qui nous fait voir les objets , feroit-elle autre chofe que du feu , autre chofe que la lumiere même ?

Cependant on ne peut pas dire que la matiere électrique foit pure-ment & fimplement l'élément du feu , dépouillé de toute autre fub-ftance ; l'odeur qu'elle fait fentir , prouve le contraire.

On peut ajouter que quand cette matiere s'enflamme elle paroît fous différentes couleurs, tantôt d'un bril-lant éclatant, tantôt violette ou pur-purine , felon la nature des corps d'où elle fort.

Il eft donc très-probable que la matiere électrique, la même au fond que celle du feu élémentaire ou de la lumiere , eft unie à certaines par-ties du corps électrifant, ou du corps électrifé, ou du milieu par lequel elle a paffé.

M

# TROISIEME PARTIE.

## CONJECTURES
*Tirées de l'expérience, sur les causes de l'Electricité.*

IL ne s'agit pas ici seulement de rendre raison de tel ou tel fait en particulier : plusieurs des phénomenes électriques s'expliquent visiblement l'un par l'autre ; l'Electricité, par exemple, se porte à douze cens pieds de distance par une corde de chanvre, ou par des barres de fer mises bout à bout l'une de l'autre, tandis qu'elle s'étend à peine à quelques pieds par une corde de soie, ou par un bâton de cire d'Espagne. Cette différence vient, comme on sçait, de ce que les corps les moins électriques par eux-mêmes, ( une corde de chanvre, une verge de métal, &c. ) sont les plus propres à le

devenir par communication, & réciproquement. Une feuille de métal qui
a touché, ou approché de fortprès,
un tube de verre nouvellement frotté, s'en éloigne ensuite comme si elle étoit vivement repoussée. On sçait
que cela se fait ainsi, parce que généralement tout corps électrisé par
voie de communication, s'écarte autant qu'il peut de celui de qui il tient
cette vertu, &c. Mais ces causes pro-
chaines sont elles-mêmes les effets
de quelque autre cause plus reculée
& plus générale que l'on ignore. L'E-
lectricité qui se manifeste par tant de
phénomenes différens, peut venir
primitivement de quelque principe
unique, d'un méchanisme, peut-être
fort simple, que la nature dérobe à
nos yeux, & dont les effets se mul-
tiplient & varient sans cesse par des
combinaisons de circonstances, dont
nous ne prévoyons pas bien les suites.

C'est ce méchanisme secret qui pique depuis long-temps notre curio-
sité, & que je cherche à découvrir,
s'il m'est possible. Plus je désire de
le connoître, plus je suis résolu de
ne le point deviner au hazard : je me

M ij

défie de l'imagination, toujours trop
prompte à former des fystêmes, &
toujours prête à prendre & à donner
pour réel ce qui n'en a que la feule
apparence. Si je laiffe agir la mienne, je ne prétens pas que ce foit
pour me fuggérer rien qui porte fur
l'exiftence des faits, mais feulement
fur la liaifon & fur les rapports qu'ils
peuvent avoir entre eux ; en un
mot, fi j'effaye de deviner ce que je
ne vois pas, je veux que mes con-
jectures foient fondées fur ce que j'ai
vû.

Pour montrer combien je ferai
fidele à cette réfolution, je vais re-
tracer ici en caracteres italiques tout
ce que l'expérience m'a fait conclure dans la feconde Partie de cet Ouvrage; & dans le cours de mes explications, j'aurai foin de diftinguer par
ce même caractere ce que j'emprun-
terai de ces principes, afin que le Lecteur puiffe diftinguer auffi du premier coup d'œil ce qui git en fait
de ce qui n'eft que raifonnement,
& régler fa confiance fuivant l'un ou
l'autre.

## Propofitions fondamentales tirées de l'expérience.

**1.** De tous les corps qui ont affés de confiftance pour être frottés, ou dont les parties ne s'amoliffent point trop par le frottement, il en eft peu qui ne s'électrifent quand on les frotte.

Réponfe à la premiere queftion. pag. 49.

**2.** Les corps vivans, les métaux parfaits ou imparfaits, ne deviennent point électriques par frottement.

**3.** Tous les corps qu'on peut électrifer en frottant, ne font pas capables d'acquérir un égal dégré d'Electricité par cette opération.

**4.** Les matieres les plus électriques après avoir été frottées, font celles qui ont été vitrifiées ; & enfuite, le foufre, les gommes, certains bitumes, les réfines, &c.

**5.** Il paroît qu'il n'y a aucune matiere, en quelque état qu'elle foit, ( fi l'on en excepte la flamme & les autres fluides qui fe diffipent par un mouvement rapide ; parce qu'on ne peut gueres les foumettre à ces fortes d'épreuves :) il n'eft, dis-je, aucune matiere qui ne reçoive l'Electricité d'un autre corps actuellement électrique.

Rép. à la 2e. queft. p. 53.

6. Il y a des espéces à qui l'on communique l'Electricité, bien plus aisément, & bien plus fortement qu'à d'autres ; tels sont les corps vivans, les métaux, & assez généralement toutes les matieres qu'on ne peut électriser par frottement, ou qui ne le deviennent que peu & difficilement par cette voye.

7. Et au contraire les corps qui s'électrisent le mieux par frottement, le verre, le soufre, les gommes, les résines, la soie, &c. ne reçoivent que peu ou point d'Electricité par communication.

Rép. à la 3e. quest. p. 56.

8. Les effets paroissent être les mêmes au fond, soit que l'Electricité naisse par frottement, soit qu'elle s'acquiere par communication.

9. La voye de communication est un moyen plus efficace que le frottement, pour forcer les effets de l'Electricité.

Rép. à la 4e. quest. p. 59.

10. Un corps actuellement électrique, attire & repousse toutes sortes de matieres indistinctement, pourvû qu'elles ne soient pas retenues invinciblement par trop de poids, ou par quelque autre obstacle.

11. Il y a certaines matieres sur lesquelles l'Electricité a plus de prise que sur d'autres.

12. Cette disposition plus ou moins

*grande, à être attiré ou repouſſé par un corps électrique, dépend moins de la nature des matieres, de leur couleur, &c. que d'un aſſemblage plus ou moins ſerré, de leurs parties.*

13. *L'Electricité n'eſt point un état permanent ; elle s'affoiblit, & elle ceſſe d'elle-même après un certain temps, ſuivant le dégré de force qu'on lui fait prendre, & la nature des matieres dans leſquelles on la fait naître.* Rép. à la 5e. queſt. p. 64.

14. *Un corps électriſé perd communément toute ſa vertu, par l'attouchement de ceux qui ne le ſont pas.*

15. *Dans le cas d'une forte Electricité, les attouchemens ne font que diminuer la vertu du corps électriſé ; & ne la lui font perdre entierement qu'après un eſpace de temps qui peut être aſſez conſidérable.*

16. *Il eſt de toute évidence que les attractions, répulſions, & autres phénomenes électriques, ſont les effets d'un fluide ſubtil, qui ſe meut autour du corps que l'on a électriſé, & qui étend ſon action à une diſtance plus ou moins grande, ſelon le degré de force qu'on lui a fait prendre.* Rép. à la 6e. queſt. p. 67.

17. *Ce fluide ſubtil n'eſt point l'air de l'atmoſphere agité par le corps électrique,* Rép. à la 7e. queſt. p. 70.

*mais une matiere diftinguée de lui , & plus fubtile que lui.*

Rép. à la
8e. queft. p.
74.
18. *La matiere électrique ne circule point autour du corps électrifé , & l'atmofphere qu'elle forme n'eft point un tourbillon proprement dit.*

Rép. à la
9e. queft. p.
79.
19. *La matiere que nous nommons électrique, s'élance du corps électrifé , & fe porte progreffivement aux environs jufqu'à une certaine diftance.*

20. *Tant que dure cette émanation, une pareille matiere vient de toutes parts au corps électrique, remplacer apparemment celle qui en fort.*

21. *Ces deux courants de matiere, qui vont en fens contraires, exercent leurs mouvemens en même temps.*

22. *La matiere qui va au corps électrifé, lui vient non-feulement de l'air qui l'entoure , mais auffi de tous les autres corps qui peuvent être dans fon voifinage.*

Rép. à la
10e. queft. p.
83.
23. *Les pores par lefquels la matiere électrique s'élance du corps électrifé, ne font pas en auffi grand nombre, que ceux par lefquels elle y rentre.*

Rép. à la
11e. queft. p.
86.
24. *La matiere électrique fort du corps électrifé en forme de bouquets ou d'aigrettes , dont les rayons divergent beaucoup entre-eux.*                25.

25. *Elle s'élance de la même maniere, & avec la même forme, des endroits où elle demeure invisible.*

26. *Il y a toute apparence que cette matiere invisible qui agit beaucoup au-delà des aigrettes lumineuses, n'est autre chose qu'une prolongation de ces rayons enflammés ; & que toute matiere électrique dont le mouvement n'est point accompagné de lumiere, ne differe de celle qui éclaire ou qui brûle, que par un moindre degré d'activité.*

Rép. à la 12e. quest. p. 92.

27. *La matiere électrique, tant celle qui émane des corps électrisés, que celle qui vient à eux des corps environnants, est assez subtile pour passer à travers des matieres les plus dures & les plus compactes, & qu'elle les pénetre réellement.*

Rép. à la 13e. quest. p. 106.

28. *Mais elle ne pénetre pas tous les corps indistinctement, avec la même facilité.*

Rép. à la 14e. quest. p. 115.

29. *Les matieres sulphureuses, grasses ou résineuses, par exemple, les gommes, la cire, la soye même, &c. ne la reçoivent & ne la transmettent que peu ou point du tout, si elles ne sont frottées ou chauffées.*

30. *Elle pénétre plus aisément, & se meut avec plus de liberté dans les métaux, dans les corps animés, dans une corde*

N

*de chanvre, dans l'eau, &c. que dans l'air même de notre atmofphere.*

Rép. à la 15e. queft. p. 117.

31. *Beaucoup d'expériences & d'obfervations nous portent à croire que la matiere électrique eft par-tout, au-dedans comme au-dehors des corps, tant folides que liquides, & fpécialement dans l'air de notre atmofphere.*

Rép. à la 17e. queft. p. 120.

32. *Il y a toute apparence, que la matiere qui fait l'électricité, ou qui en opere les phénomenes, eft la même que celle du feu & de la lumiere.*

33. *Il eft très-probable auffi que cette matiere, la même au fond que le feu élementaire, eft unie à certaines parties du corps électrifant, ou du corps électrifé, ou du milieu par lequel elle a paffé.*

*APPLICATION que l'on peut faire de ces principes pour expliquer les principaux phénomenes électriques.*

Les phénomenes de l'Electricité peuvent fe diftribuer en deux claffes. Dans l'une on renfermera tous ces mouvemens alternatifs aufquels on a donné les noms d'*attractions* & de *répulfions*, & généralement tout ce qui s'opere par une caufe qui demeure invifible. L'autre comprendra tous les faits qui font accompagnés de lumiere, petillemens, picquûres, inflammations, &c. Car quoique toutes ces merveilles éclatent à nos yeux fous des apparences tout à fait différentes les unes des autres, & que le peu de relation que nous voyons entre-elles, nous difpofe à les confidérer comme autant d'objets indépendans qui doivent être examinés féparément ; cependant lorfque l'habitude a diffipé un certain brillant exceffif qui nous éblouit d'abord, & que l'étonnement fait place à la réflexion, on s'apperçoit peu à peu que les effets qui paroiffoient les moins analogues, fe raprochent, & ne font le plus fouvent que des extenfions les uns des autres, ou les fuites néceffaires d'une caufe commune, mais variées par quelque circonftance ; pour peu qu'on y penfe, on verra que de tous les phénomenes de ce genre que l'on connoît, il n'en eft point qu'on ne puiffe comprendre dans la divifion que je viens d'établir.

N ij

# PHENOMENES
## DE LA PREMIERE CLASSE.

### Premier Fait.

UN corps électrisé par frottement ou par communication, attire ou repousse tous les corps légers & libres qui font dans son voisinage,

### Explication.

*Le corps électrisé lance de toutes parts une matiere fluide qui fort en forme d'aigrettes, & qui lui fait une atmosphere d'une certaine étendue.* [19] Cette matiere **effluente** dont *les rayons font divergens entre eux* [24], *est en même temps remplacée par une matiere femblable,* [20], qui vient par des lignes convergentes, par cette matiere que nous avons nommée *affluente*. Voyez la *fig.* 17. qui repréfente une portion annulaire d'un tube environné des deux matieres effluente & affluente.

L'une & l'autre matiere ayant *un mouvement progressif & fimultané,* [21], doit emporter avec elle tout ce qui lui donne prife , & qui eft affez libre pour obéir à fon impulfion.

Mais comme *ces deux courants de matiere fe meuvent en fens contraires* [21], le corps léger qui fe trouve dans la fphere d'activité du corps électrique, doit obéir au plus fort , à celui des deux qui a le plus de prife fur lui.

Si le corps léger qu'on veut atti-rer eft d'un très-petit volume , ou d'une figure tranchante, comme une feuille de métal *E* ou *F*, *fig.* 17. il eft chaffé vers le corps électrique par la matiere affluente.

Et la matiere effluente ne l'empê-che pas d'y arriver , parce que fes rayons *qui font divergens ,* ou *les aigret-tes diftantes l'une de l'autre* [23] , ne lui oppofent que des obftacles rares & accidentels , à travers defquels il fe fait jour.

Une preuve qu'il rencontre des obftacles , c'eft qu'il arrive rarement au corps électrique par une voie bien directe ; ordinairement c'eft a-près plufieurs détours qu'on apper-çoit d'autant mieux que ce corps lé-ger a plus d'étendue : j'en attefte tous ceux qui font dans l'habitude de voir ou de répéter eux-mêmes ces expériences.

Quand cette étendue égale seulement celle d'un petit écu, il est fort ordinaire que le premier mouvement de la feuille soit de s'écarter du corps électrique qu'on lui présente ; ou si elle commence par s'en approcher, elle ne parvient pas jusqu'à lui : elle est arrêtée ou repoussée à une certaine distance plus ou moins grande.

C'est qu'alors la feuille étant plus large, ne peut plus échapper aux rayons des aigrettes qui sont toujours plus rares à la vérité que ceux de la matiere affluente *à cause de leur divergence* [24], *& de la distance des aigrettes entre elles* [23], mais qui ont toujours beaucoup plus de vîtesse ou de force, comme je l'ai observé dans le Corollaire qui suit la réponse à la onzieme Question, p. 89.

S'il est donc plus ordinaire de voir un corps léger s'approcher d'abord du corps électrique, que de le voir s'en écarter par son premier mouvement, c'est que pour lui donner une légéreté suffisante, on n'em-

ploye communément que des fragmens qui ont un très-petit volume, & une figure le plus souvent
très-propre à échapper aux rayons
divergens des aigrettes ; mais on est
sûr d'avoir un effet tout contraire,
quand on prend soin de concilier
avec la légéreté qui convient, une
grandeur & une figure telles qu'elles
laissent assez de prise à la matiere effluente.

## SECOND FAIT.

Dès que le corps léger qu'on vou-
loit attirer, a touché le corps électrique, ou qu'il s'en est seulement
approché de fort près, quelque petit que soit son volume, quelque figure qu'il ait, il s'en écarte constamment après.

Ce second Fait paroît d'abord
contraire à l'explication qu'on vient
de voir ; si la petitesse du volume a
fait échapper le corps attiré aux
rayons de la matiere effluente, pourquoi, dira-t-on, la même cause n'a-
t-elle plus le même effet après le
contact ?

N iiij

### EXPLICATION.

C'est que cette cause ne subsiste plus. Le petit corps a reçû une augmentation de volume, invisible à la vérité, mais qui n'en est pas moins réelle, comme on le va voir..

Quand ce petit corps poussé par la matiere affluente a touché le tube électrique, *il s'est électrisé lui-même par communication* [5]. Et un corps électrique, tel qu'il soit, *& de telle maniere qu'on l'électrise* [8], *devient tout hérissé d'aigrettes qui forment autour de lui une atmosphere de rayons divergens* [25]. Cette atmosphere augmente donc considérablement son volume ; & le met en prise aux rayons de matiere effluente, qui le tiennent écarté du tube électrique autant de temps que l'Electricité subsiste dans l'un & dans l'autre : *H*, *fig.* 17.

Voudroit-on révoquer en doute l'Electricité communiquée au petit corps qui a touché le tube ? Qu'on en approche un autre corps non électrique, le doigt par exemple, on le verra s'y porter avec une précipitation marquée, qui doit être re-

gardée comme une preuve inconte-
ftable de fon Electricité.

## TROISIEME FAIT.

Un corps léger que l'on a électrifé, & que l'on tient fufpendu ou flottant en l'air par l'action du corps é-
lectrique dont il s'étoit écarté , ne
manque pas de revenir à ce même
corps , auffi-tôt qu'il a été touché du
doigt ou de quelque autre corps non
électrique.

### EXPLICATION.

*L'attouchement d'un corps non électri-
que lui fait perdre prefque toute fon E-
lectricité* [14] , & par conféquent cette
atmofphere d'aigrettes qui augmen-
toit invifiblement fon volume. Ainfi
après cet attouchement il fe trouve dans le même état où il étoit
avant que d'avoir été électrifé , &
difpofé par la petiteffe de fon volume ou par fa figure , à fe laiffer emporter de nouveau vers le corps é-
lectrique, en échappant encore comme la premiere fois , aux rayons divergens de la matiere effluente.

Quand je dis , en échappant aux

rayons divergens de la matiere effluente, ce n'eſt pas que je prétende
que ce corps tout petit qu'il ſoit,
ne rencontre aucun de ces filets de
matiere dont le mouvement s'op-
poſe au ſien ; il en rencontrera ſans
doute, pour le plus ſouvent ; mais
comme *ils ſont rares en comparaiſon de
ceux de la matiere affluente* [23], il donnera
plus conſtamment priſe à ceux-ci, &
ne ſouffrira qu'un retardement ou
quelque déviation de la part de
ceux-là.

## Quatrieme Fait.

Pendant que le corps léger demeure ſuſpendu & flottant en l'air,
au-deſſus d'un tube de verre électrique qu'il a touché, ſi on lui préſente un autre tube de verre nouvellement frotté, il s'en écarte comme du
premier : il s'approche au contraire
d'un bâton de cire d'Eſpagne, d'une
boule de ſoufre, &c. qu'on a électriſée.

## Explication.

Pour être en état de bien entendre l'explication qu'on peut donner

de ce quatrieme Fait, il faut se faire une idée bien nette de ce qui se passe entre deux corps dont l'un est électrisé, ou qui le sont tous deux.

Dans le premier cas, c'est-à-dire, lorsque l'un des deux corps seulement est électrisé, *il sort de celui qui ne l'est pas une matiere qui est affluente par rapport à l'autre* [22] *; & de celui-ci il s'élance perpétuellement des aigrettes d'une semblable matiere, dont les rayons sont divergens entre eux* [24].

Dans le second cas, c'est-à-dire, quand les deux corps qui sont en présence l'un de l'autre, sont actuellement électriques, *il sort de tous deux une matiere effluente* [19], dont les rayons vont en sens contraire de l'un à l'autre corps. Et tandis que cette matiere émane ainsi de ces deux corps, *une semblable matiere vient de toutes parts à eux, soit de l'atmosphere, soit des corps voisins, pour remplacer & perpétuer ces émanations* [20].

Ainsi dans l'un & dans l'autre cas la matiere électrique qui vient d'un des deux corps, est toujours opposée à celle qui vient de l'autre : & par conséquent pour qu'ils puissent s'approcher, il faut de deux chofes l'une, ou que ces rayons qui vont en fens contraires de l'un à l'autre corps perdent toute leur action, ou que chacun de ces deux courans trouve un paffage libre dans le corps qu'il rencontre : car fi ces émanations fubfiftent, & qu'en fortant de l'un des deux corps elles ne puiffent pas facilement entrer dans l'autre, elles ne manqueront pas d'entretenir une diftance entre les deux, ce que l'on a nommé *répulfion*. Revenons maintenant à notre Fait.

La petite feuille de métal ou le duvet de plume électrifé, fuit conftamment tout verre électrique; parce que, comme on l'a dit ci-deffus, fon volume augmenté par une atmofphere de rayons divergens donne affez de prife aux émanations du verre. La même chofe n'arrive pas lorfqu'on lui préfente un morceau de foufre ou de cire d'Efpagne nouvellement frotté, pour deux raifons : la premiere, parce que les rayons effluens de ces matieres électrifées *font plus foibles que ceux du verre* [4], & qu'apparemment la matiere qui fort d'un bâton de cire d'Éfpagne électrique, n'a pas plus de force que celle qui vient *de tout autre corps non électrique en préfence d'un corps électrifé* [22], & qui n'empêche pas, comme on fçait, l'approximation réciproque. La feconde raifon eft que les matieres réfineufes, les gommes, &c. *dans lefquelles le fluide électrique a peine à fe mouvoir pour l'ordinaire, en font pénétrées plus facilement quand on les frotte ou qu'on les chauffe* [29] : ainfi la feuille de métal électrifée n'eft pas repouffée par le foufre qu'on vient de frotter, parce que les rayons effluens de cette petite feuille le pénétrent comme elle eft pénétrée elle-même par ceux de ce foufre électrifé ; & cette pénétration mutuelle fait que la réfiftance eft moindre entre ces deux corps que par-tout ailleurs aux environs ; car c'eft un fait *que la matiere électrique a plus de peine à pénétrer l'air de l'atmofphere, que les corps les plus folides* [30].

## CINQUIEME FAIT.

Tout ce qu'on veut électrifer par communication, doit être pofé fur

des matieres réfineufes, ou fufpendu
avec de la foie , du crin , &c.

### EXPLICATION.

Un corps s'électrife par communication , lorfque la matiere électrique *qui réfide en lui* [31], reçoit du mouvement par l'approximation ou le
contact d'un corps déja électrique,
qui la détermine à fe porter du dedans au-dehors. Or la caufe qui détermine doit agir d'autant plus effi-
cacement , qu'elle agit fur un corps
plus ifolé ou plus petit, puifqu'alors
elle a moins de matiere à mettre en
mouvement. Un homme qui fe tient
placé immédiatement fur le plancher
d'une chambre , ne s'électrife que
très-peu ou point, parce qu'il communique fans interruption avec de grandes maffes qui font électrifables comme lui, & que l'action qu'on exerce
fur la matiere électrique *qui réfide en
lui* [31], attaque en même temps *celle de
tous les autres corps* [31] avec lefquels il a
communication ; & cette action par-
tagée à tant de corps, n'a prefque
point d'effet fenfible fur aucun d'eux.

Il n'en eft pas de même fi l'on met

un gâteau de réfine fous les pieds de cet homme ; comme *les corps réfineux ne s'électrifent prefque point par communication* [7], le corps électrique qui doit communiquer fa vertu, n'agit alors que fur l'homme ifolé, & ne détermine au mouvement que la matiere qui eft en lui.

Pour rendre cette explication plus claire, il faut que je reprenne les chofes de plus haut, & que je dife de quelle maniere je conçois qu'un corps s'électrife quand on le frotte, & comment une fois électrifé il communique fa vertu à un autre corps.

Quand je frotte un tube de verre, un bâton de cire d'Efpagne, une boule de foufre, &c. je mets en mouvement & les parties du corps frotté, & la matiere électrique qui en remplit les pores : eft-ce aux parties du verre que le mouvement s'imprime d'abord pour fe communiquer enfuite à la matiere électrique, ou tout au contraire ? c'eft ce que je n'examinerai point ici ; mais *la matiere électrique s'élance fenfiblement du dedans au-dehors* [19], & le verre s'échauffe; en voilà affez pour me faire croire que tout eft agité.

Le corps frotté ne s'épuife point par ces émanations continuelles, quelque temps qu'elles durent, parce que *la matiere électrique qui fort eft toujours remplacée par une matiere femblable* [20], *qui vient non feulement de l'air environnant, mais même de tous les autres corps qui font dans le voifinage* [22]. Si la matiere électrique *eft préfente partout* [31], comme il y a tout lieu de le croire, elle doit s'empreffer de remplir tous les efpaces qui fe trouvent vuides des parties de fon efpece; c'eft le propre des fluides, de fe répandre uniformément, & de fe mettre en équilibre avec eux-mêmes : repréfentez-vous un feau percé de toutes parts que vous auriez plongé dans un baffin, fi vous épuifiez tout à coup ce vaiffeau avec une pompe ou autrement, ne fe rempliroit-il pas auffi-tôt aux dépens de l'eau du baffin ? & ce remplacement ne fe feroit-il pas autant de fois que l'épuifement feroit réitéré ?

L'Electricité n'eft donc rien autre chofe que l'état d'un corps qui reçoit continuellement les rayons convergens d'une matiere très-fubtile,

tandis

tandis qu'il laiſſe échapper de toutes
parts des rayons divergens d'une pareille matiere : il eſt comme la ſour-
ce de celle-ci & le terme de celle-
là ; & comme l'effluence de l'une
occaſionne l'affluence de l'autre, le
remplacement entretient auſſi la durée des émanations.

Approchons maintenant d'un
corps qui eſt dans cet état un autre
corps capable de s'électriſer par communication, c'eſt-à-dire, un corps
dans lequel la matiere électrique ait
un mouvement libre tant pour entrer que pour ſortir, il ne faudra pas
que ce ſoit *une matiere réſineuſe, ſul-
phureuſe* [29], *&c.*mais bien plutôt *un animal vivant, du métal, &c.* [30]. La matiere
électrique qui eſt en repos dans ce
corps, doit ſe mettre en mouvement, & ſe porter du dedans au-dehors pour deux raiſons ; 1°. *Parce
que tout ce qui eſt dans le voiſinage d'un
corps électrique, lui fournit cette matiere
que nous avons nommée affluente* [22]. Et en
effet on la voit couler comme une
frange lumineuſe d'une barre de fer
qu'on électriſe, on la voit, dis-je,
couler par le bout qui répond au

O

globe de verre, avec lequel on communique l'Electricité ; c'eft un fait qui n'a dû échapper à perfonne de ceux qui ont vû ou répété ces fortes d'expériences. 2°. Une autre partie de cette même matiere qui réfide dans le corps non électrique, doit recevoir des impulfions continuelles des rayons effluens qui s'élancent du corps électrique, & qui enfilent les pores du métal ou de l'animal qui fe trouve à leur paffage ; *car ce fluide eft affez fubtil pour pénétrer les corps les plus durs & les plus compacts* [27]*, & il n'y en a point qu'il pénétre plus aifément que les métaux & les corps animés* [30]. De-là viennent fans doute ces aigrettes de matiere enflammée qu'on voit au bout le plus reculé d'une barre de fer qu'on électrife : de-là viennent toutes ces émanations de matiere invifible que l'on fent à tous les endroits de fa furface, & dont je crois avoir fuffifamment prouvé l'exiftence.

Mais lorfqu'une verge de fer, ou tout autre corps électrifé par communication, perd ainfi la matiere électrique qui eft en lui, ou il doit

bien-tôt s'épuiſer, ou bien il faut
qu'il reprenne d'ailleurs une matiere
ſemblable qui répare ce qu'il perd.
On ne peut pas dire qu'il s'épuiſe ;
car les émanations durent autant de
temps qu'on veut les exciter : mais
il lui arrive ce qu'on obſerve en général pour tout ce qui eſt actuellement électrique, ſoit par communication, ſoit par frottement ; *tant que*
*dure l'émanation de la matiere intérieu-*
*re, une pareille matiere vient de toutes*
*parts remplacer celle qui ſort* [20]. Ainſi l'E-
lectricité qui eſt communiquée, com-
me celle qu'on excite par frottement, conſiſte toujours dans une effluence & dans une affluence ſimul-
tanées de la matiere électrique.

Comme le premier de ces deux mouvemens naît en partie par impulſion
ou par le choc dans le corps qu'on
électriſe par communication,& qu'un
certain choc ne peut animer ſenſiblement qu'une certaine quantité de
matiere, il eſt néceſſaire de limiter
celle que doivent mouvoir les rayons
effluens du corps électrique communiquant ; & c'eſt ce que l'on fait en
interpoſant de la poix ou de la réſi-

ne, *matiere peu propre à être pénétrée par le fluide électrique* [29], & qui interrompt fort à propos la contiguité des corps électrifables.

## SIXIEME FAIT.

Dans l'expérience de Hauxbée qui eſt ſi connue, des fils arrêtés au centre d'un globe de verre électrifé ſe dirigent en forme de rayons qui tendent à l'équateur du globe; & d'autres fils attachés à un cerceau en-dehors, prennent une tendance convergente au centre de ce même globe.

## EXPLICATION.

L'équateur du globe de verre devenu électrique par frottement, *envoie des aigrettes, comme tous les corps qui ſont en cet état, tant par ſa ſurface intérieure que par ſa ſurface extérieure* [25] *; & la matiere affluente qui ſe porte alors vers l'une & l'autre* [20], fait prendre aux fils la direction qu'elle a elle-même.

Une circonſtance fort ſinguliere de cette expérience, c'eſt que les fils du dedans changent de place, & ſemblent s'écarter, quand on ſouffle fur le verre, ou qu'on préfente le doigt par dehors à l'endroit où ils tendent.

On peut rendre raifon de ces effets en difant, 1°. Que le fouffle, *le plus fouvent chargé d'humidité, diminue ou fait ceffer l'Electricité à la partie du verre qu'il attaque* * ; & alors le fil qui s'y dirigeoit retombe par fon propre poids. 2°. Quand on approche le doigt de la furface extérieure, *la matiere qui fort de ce doigt à la préfence d'un corps électrique* [22], paffe à travers le verre, & va fortifier les aigrettes de l'autre furface; & alors ces aigrettes l'emportent en force fur la matiere affluente qui dirige le fil , & le repouffent pour un temps.

* Pag. 48.

Je n'imagine pas gratuitement que la matiere qui fort du doigt en pareil cas, pénétre le verre & fortifie les aigrettes de la furface intérieure du globe. Si l'on fait entrer dans ce vaiffeau un peu de fciûre de bois, ou du fon de farine, on verra très-diftinctement chaque petite parcelle s'élancer & fauter quand le bout du doigt fe préfentera deffous ; c'eft une épreuve que j'ai répétée cent fois.

## SEPTIEME FAIT.

Certains corps ont peine à s'électrifer, les uns par frottement, les
autres par communication, tandis
que d'autres deviennent fortement
& promptement électriques de l'une
ou de l'autre maniere ; si la matiere
électrique réfide par-tout, d'où peut
venir cette différence ?

## EXPLICATION.

Un corps n'eft point actuellement
électrique pour avoir en foi la matiere de l'Electricité ; il faut que cette
matiere en forte pour être remplacée par une femblable ; il faut qu'il
y ait effluence & affluence, comme
je l'ai dit plufieurs fois ci-deffus. Or
*cette matiere toute fubtile qu'elle eft, ne*
*pénétre pas tous les corps indiftinctement,*
*& avec la même facilité* [28] ; elle trouve
dans les uns des paffages plus libres
que dans les autres, tant pour fortir que pour rentrer.

D'ailleurs il eft probable que fes
élancemens font caufés & entrete-
nus par un mouvement inteftin imprimé aux parties du corps que l'on a

frotté. Je me garderai bien de déterminer de quelle efpece eft ce mouvement; mais j'ai lieu de croire que
le reffort y entre pour beaucoup :
car j'obferve qu'en général les corps
dont les parties ont le plus de roi-
deur, font auffi les plus propres à
s'électrifer par frottement : la cire
de bougie qui s'amollit quand on la
frotte ne prend que très-peu d'Electricité; la cire d'Efpagne qu'on peut
frotter davantage fans l'amollir, s'é-
lectrife mieux, le foufre encore plus,
& le verre incomparablement plus
que toute autre matiere connue. Cette gradation paroît indiquer qu'une
certaine réaction de la part du corps
frotté détermine la matiere électrique à fe porter du dedans au-dehors.

## H U I T I E M E  F A I T.

Quoique tout ce qui eft léger &
libre puiffe être attiré ou repouffé
par un corps électrique, il y a pourtant certaines matieres qui obéiffent
plus vivement que d'autres à ces attractions & répulfions.

## EXPLICATION.

L'expérience a fait connoître que *cette disposition plus ou moins grande à être attiré ou repoussé par un corps électrique, dépend moins de la nature des matieres, que d'un assemblage plus ou moins serré de leurs parties* [12]. De sorte que les métaux mêmes sur lesquels l'Electricité a le plus de prise, perdroient vraisemblablement cette qualité qui les distingue de beaucoup d'autres corps moins susceptibles de ces impulsions, s'il étoit possible seulement de les rarefier, & de rendre leur contexture moins compacte. On apperçoit aifément la raison de ce phénoméne, quand on considere *que les mouvemens alternatifs d'attractions & de répulsions sont les effets de la matiere électrique tant effluente qu'affluente* [16], qui *quoiqu'assez subtile pour pénétrer les corps les plus compacts* [27], & pour se faire jour à travers de leurs pores, n'est pas moins une matiere composée de parties solides, capable par conféquent de heurter & d'entraîner avec elle tout ce qu'elle rencontre de solide dans son chemin;

min ; les corps les plus denfes doivent donc lui donner plus de prife
que les autres.

On pourroit m'objecter quelques
principes que l'expérience m'a fait
admettre , & qui femblent peu d'accord avec cette explication ; fçavoir
*que la matiere électrique , tant celle qui
émane des corps électrifés , que celle qui
vient à eux des corps environnans , eft affez fubtile pour paffer à travers les matieres les plus dures & les plus compa-
étes , qu'elle les pénétre réellement* [27] *; &
fpécialement les métaux , les corps animés , &c. plus facilement que tous les
autres* [30]. Car plus le fluide électrique paffera librement à travers d'un
corps , moins il femble qu'il aura de
prife fur lui pour l'entraîner.

Cette difficulté eft fpécieufe , je
l'avoue ; mais avec un peu de réflexion on peut y trouver une réponfe
folide. L'expérience en nous appre-
nant que la matiere électrique effluente, ou affluente , pénétre mieux
un corps animé ou une barre de fer,
qu'un morceau de bois qui eft plus
poreux ; que cette même matiere
conferve mieux fon mouvement dans

P

une corde mouillée , que dans celle qui est séche & moins compacte pourtant ; l'expérience , dis-je , en nous montrant ces faits , ne nous dit pas comment ils s'accomplissent ; si nous sommes donc obligés de le deviner , il ne faut pas que ce soit au préjudice d'aucune loi de la Nature déja connue & incontestablement établie : or il n'est pas permis de douter en Physique de l'impénétrabilité de la matiere ; d'où il suit évidemment que quand une matiere en rencontre une autre , le choc est d'autant plus complet , que le corps choqué présente plus de parties solides au corps choquant. Si la matiere électrique en mouvement pénétre avec plus de facilité une barre de fer qu'une tringle de bois , quand l'une & l'autre sont arrêtées; & qu'elle emporte plus vivement une feuille de métal qu'un fragment de matiere moins dense , quand l'un & l'autre sont libres: il n'en est donc pas moins vrai , comme je le suppose dans mon explication , que les corps les plus denses , toutes choses égales d'ailleurs , doivent donner plus de prise que les autres aux impulfions de la matiere électrique.

Mais cette plus grande denfité dans une feuille de métal, qui la rend plus propre qu'un morceau de papier, à être attirée ou repouffée, empêche-t-elle que ce qu'il y a de vuide entre fes parties folides ne foit plus perméable à la matiere électrique, que ne le font les pores d'un autre corps moins compact ? c'eft ce que je ne vois pas, parce que j'ignore abfolument quelle eft la figure, la grandeur, ou la difpofition de ces petits vuides, peut-être plus ou moins convenables dans certains corps pour tranfmettre les rayons de matiere électrique.

Une autre raifon qu'on peut apporter encore du fait en queftion, & qui eft très-forte, parce qu'elle eft appuyée fur les expériences d'un habile homme (a); c'eft que les corps qui font attirés & repouffés le plus vivement, font juftement ceux qui s'é-

(a) M. du Tour, de Riom en Auvergne, Correfpondant de l'Académie Royale des Sç. & obfervateur très-zélé des phénomenes électriques.

P ij

lectrifent le mieux par communication : une feuille de métal à qui l'on
préfente un tube de verre nouvellement frotté, s'électrife d'abord peu
ou beaucoup, c'eft-à-dire, que la
matiere électrique qui réfide en elle
fe difpofe à fortir de toutes parts, ou
fort réellement.

Le premier de ces deux états, lorfqu'elle n'eft point encore électrique,
mais toute prête à l'être, état qui ne
peut ceffer que quand elle ne touchera plus la table ou le corps non
électrique qui la foutient; ce premier
état, dis-je, la met plus en prife qu'un
morceau de papier à la matiere affluente qui va au tube : car outre fon
excès de denfité, elle oppofe encore
des pores pleins d'une matiere prefque effluente, de forte qu'elle n'a
peut-être aucun point de fa furface
qui ne foit fufceptible du choc qui
tend à la mener au tube.

Lorfqu'elle s'enléve & qu'elle
commence à s'approcher du tube, elle s'électrife alors de plus
en plus, & fon volume augmente
par une atmofphere de rayons divergens, comme je l'ai déja dit ci-deffus ; & il augmente quelquefois de

maniere que rencontrant les rayons de la matiere effluente du tube en suffifante quantité, on voit cette feuille de métal rétrograder avant qu'elle ait touché le corps électrique qui l'attiroit. Cette activité, comme l'on voit, tant pour aller au tube que pour s'en écarter, vient donc, en très-grande partie, de la facilité avec laquelle certains corps reçoivent l'Electricité d'un autre.

## NEUVIEME FAIT.

L'Electricité se communique presque en un instant par une corde de douze cens pieds & plus, à laquelle on fait faire plusieurs retours; comment se peut-il faire que la matiere électrique passe si promptement d'un bout à l'autre de cette corde, & qu'elle en suive ainsi les différentes directions?

## EXPLICATION.

C'est une suppofition très-vraisemblable, & que les plus habiles Physiciens n'ont pas fait difficulté d'avancer & d'admettre, que dans les corps les plus denses il y a plus

P iij

de vuide que de plein ; on peut donc
croire à plus forte raiſon que dans
une corde, dans une verge de fer,
&c. la poroſité eſt telle que la matiere électrique, (*fluide ſubtil qui réſi-
de par-tout,* [11] ) y jouit d'une continuité de parties non interrompue;
ainſi dès que les rayons ou les filets
de cette matiere très-mobile par elle-même, ſont pouſſés par un bout
ou déterminés à ſe mouvoir, comme je l'ai dit ci-deſſus * , je conçois
que le mouvement eſt bien-tôt tranſ-
mis juſqu'à l'autre extrémité, où que
les premieres parties venant à ſortir
donnent lieu aux autres de les ſuivre
ſans délai; à peu près comme le mouvement ſe tranſmet par une file de
corps élaſtiques & contigus; ou bien
comme l'eau d'un canal ſe meut toute entiere dès qu'on lui permet de
couler par un bout. Ainſi quand j'é-
lectriſe une corde de deux cens toi-
ſes par une de ſes extrémités , je ne
prétens pas que dans le premier inſtant les rayons effluens de l'autre
bout ſoient préciſément compoſés
de la matiere même du tube qui ait
parcouru toute la longueur de là

* Pag. 161.

corde, mais feulement d'une matiere femblable, que celle-ci a trouvée réfidente dans cette corde, & qu'elle a pouffé devant elle.

Si le fluide électrique ou le mouvement qui lui eft imprimé, fuit toujours la corde malgré fes finuofités, c'eft apparemment en conféquence de ce principe que j'ai cité tant de fois, *que la matiere de l'Electricité trouve moins d'obftacle dans les corps les plus folides, que dans l'air même de l'atmofphere* 3°.

Ne diffimulons pas cependant que dans cette propagation de l'Electricité il paroît qu'il y a quelque autre chofe qu'une fimple impulfion de matiere, qu'on puiffe comparer au mouvement qui fe communique par une file de boules d'yvoire, ou à quelque chofe de femblable; car ces fortes de mouvemens communiqués fe repréfentent prefque toujours avec quelque déchet après le choc, au lieu que l'Electricité, femblable à l'incendie qui naît d'une étincelle, eft fouvent bien plus confidérable dans une barre de fer, ou dans une fuite de corps animés à qui on l'a communiquée, qu'elle ne l'eft dans le tube ou dans le globe de verre dont on s'eſt ſervi pour opérer cette communication. C'eſt donc une eſpece de mouvement qui croît en ſe communiquant, comme celui du feu qui n'eſt encore expliqué que par des hypotheſes, mais que l'on peut comparer à l'Electricité, *en ce qu'il n'eſt, ſelon toute apparence, qu'une autre modification du même élément* 32.

### DIXIEME FAIT.

Une légere humidité empêche qu'un corps ne s'électriſe, ou affoiblit les effets de l'Electricité ; cependant l'eau s'électriſe, & une corde mouillée mieux que celle qui eſt bien ſéche.

### EXPLICATION.

Une maſſe d'eau pure eſt un corps qui *contient comme les autres la matiere électrique dans ſes pores* 31 ; & cette matiere peut s'y mouvoir librement, parce que l'eau eſt d'une nature tout-à-fait différente des gommes, du ſoufre, des réſines, &c. *qui ſont les corps reconnus pour être contraires à la tranſmiſſion de l'Electricité* 29 ; mais il n'en est pas de même des parties humides qui viennent de l'atmosphere, ou des corps animés qui transpirent beaucoup ; souvent c'est moins de l'eau, qu'un mélange d'exhalaisons grasses, sulphureuses, salines, &c. & par conséquent *d'une nature très-propre à arrêter ou à ralentir les mouvemens de la matiere électrique.*

D'ailleurs on peut croire aussi que les particules d'une vapeur extrêmement subtilisée, sont capables de boucher & d'empâter, pour ainsi dire, les pores du corps qu'on veut électriser ; & c'est peut-être pour cette raison que l'Electricité a peine à réussir pendant les grandes chaleurs, lorsque l'air est chargé d'une grande quantité de vapeurs & d'exhalaisons, mais différentes de celles qui regnent en d'autres saisons, en ce qu'elles sont extrêmement divisées.

# PHENOMENES
## DE LA SECONDE CLASSE.

### Premier Fait.

A L'extrémité d'une barre de fer, ou au bout du doigt d'une personne qu'on électrise fortement & de suite, il paroît communément un bouquet ou une aigrette de rayons enflammés ou lumineux, qu'on entend bruir sourdement, & qui fait sur la peau une impression assez semblable à celle d'un souffle léger.

### Explication.

Je considere chaque particule de matiere élecrique, *comme une petite portion de feu élémentaire* [32], *enveloppée de quelque matiere grasse, saline, ou sulphureuse* [33], qui la contient & qui s'oppose à son expansion. Lorsque cette matiere qui s'élance hors du corps électrisé, rencontre *celle qui vient la remplacer* [21] ; si la vitesse respective entre les deux est assez grande, le choc brise les enveloppes ; & le feu

devenu libre de ſes liens éclate de
toutes parts, & anime du même
mouvement les parties ſemblables
qui ſont contiguës, à peu près, comme un grain de poudre enflammé en
allume pluſieurs autres placés de
ſuite.

Ces particules de matiere électrique qui s'allument en s'entrecho-
quant, & que l'inflammation rend
viſibles, doivent paroître rangées
dans l'ordre qu'elles ont en ſortant
du corps électriſé ; or, *la matiere ef-*
*fluente s'élance toujours en forme d'ai-*
*grette ou de bouquets épanouis.* 24 & 25.

Si l'inflammation de la matiere
électrique vient de la colliſion des
parties qui vont en ſens contraires,
& de l'éclat ſubit qui s'enſuit, &c.
comme il y a tout lieu de le penſer,
nous ne devons pas chercher ailleurs
la cauſe de ce petit bruit qu'on entend quand on apperçoit les aigrettes lumineuſes ; car tout corps qui
éclate ſubitement, frappe & fait re-
tentir l'air qui l'environne, plus ou
moins fort, ſuivant la grandeur de
ſon volume, & la promptitude de
ſon expanſion.

Enfin le souffle léger qu'on sent sur la peau quand on présente le visage, ou le revers de la main, aux bouquets lumineux, est l'effet naturel & ordinaire d'un fluide qui a un courant déterminé, & qui se meut avec une vitesse sensible : or, *cette matiere qui brille au bout d'une barre de fer électrisée, vient évidemment de l'intérieur de cette barre, & se porte progressivement aux environs jusqu'à une certaine distance* [19].

On dira peut-être, qu'une matiere enflammée devroit être brulante, ou chaude au moins ; au lieu que les aigrettes lumineuses dont il est ici question, ne font sentir qu'un soufle dont le sentiment tient moins de la chaleur que du frais.

Mais ne sçait-on pas que les idées de *chaud* & de *froid* font relatives à nos sens ; & que ce que nous appellons *frais*, n'est autre chose qu'une chaleur très-tempérée, & un peu moindre que celle de notre état ordinaire ? ne sçait-on pas aussi que les matieres les plus légeres, les plus raréfiées, s'embrasent le plus aisément, c'est-à-dire, qu'elles s'enflamment par un dégré de chaleur, qui fuffiroit à peine pour échauffer fenfiblement un corps plus denfe ? Ne fouffre - t - on pas de l'efprit de vin enflammé au bout de fon doigt ?

Cela fuffit pour nous faire concevoir qu'il peut y avoir de véritables inflammations qui n'atteignent pas au dégré de chaleur qui nous eft naturel & ordinaire : telle eft apparemment celle de la matiere électrique, lorfque la divergence de fes rayons lui fait prendre un certain dégré de raréfaction.

Ce qui rend ma conjecture vraifemblable, c'eft que quand cette même matiere vient à fe condenfer, alors elle devient un feu affez actif pour entamer les autres corps. Ces mêmes aigrettes qui ne faifoient fentir qu'un foufle léger, brulent vivement, comme on le va voir.

## SECOND FAIT.

Lorfqu'on approche de fort près le bout du doigt ou un morceau de métal, d'un corps quelconque fortement électrifé, on apperçoit une ou plufieurs étincelles très-brillan-

tes qui éclatent avec bruit ; & si ce
sont deux corps animés que l'on applique à cette épreuve, l'effet dont je
parle, est accompagné d'une picquure
qui se fait sentir de part & d'autre.

### EXPLICATION.

Quand on présente un corps non
électrique ( sur-tout si c'est un animal ou du métal ) à un autre corps
fortement électrisé, les rayons effluents de celui-ci, *naturellement di-*
*vergents*, & par conséquent raréfiés,
acquierent une plus grande force
pour deux raisons ; 1°. parce qu'ils
coulent avec plus de vitesse ; 2°. parce que leur divergence diminue, &
qu'ils se condensent : deux circonstances qu'il est facile d'observer, si
l'on présente le doigt aux aigrettes
lumineuses d'une barre de fer, & qui
s'expliquent aisément quand on sçait
que *la matiere électrique trouve moins de*
*difficulté à pénétrer les corps les plus den-*
*ses que l'air même de l'Atmosphere* 3°. Ce
n'est donc plus une matiere simple-
ment effluente & rare, qui heurte une
autre matiere venant de l'air avec
peu de vitesse, comme dans le pre-

mier fait : c'eſt un fluide condenſé & accéléré, qui en rencontre un autre, (*celui qui vient du doigt*,) preſque auſſi animé que lui, & par les mêmes raiſons ; ainſi, le choc doit être plus violent, l'inflammation plus vive, le bruit plus éclatant.

Si les deux corps qui s'approchent, tant celui qui eſt électriſé, que celui qui ne l'eſt pas, ſont tous deux animés, l'étincelle éclate avec douleur de part & d'autre, parce que les deux filets de matiere enflammée qui ſe rencontrent en ſens contraires, & qui ſe choquent fortement, ſouffrent chacun une répercuſſion qui rend leur mouvement retrograde ; & cette réaction d'un filet de matiere qui ſe dilate en s'enflammant, doit diſtendre avec violence les pores de la peau, ou remonter même aſſez avant dans le bras, comme il arrive en effet pour le plus ſouvent. Une perſonne électriſée qui tient en ſa main une verge de métal par un bout, reſſent comme par contre-coups, toutes les étincelles qu'une autre perſonne non électrique excite à l'autre bout.

C'eſt apparemment par cette raiſon, qu'on voit ceſſer ſubitement, ou
diminuer très-conſidérablement, l'E-
lectricité d'un corps, à la ſurface duquel on excite une étincelle ; car je
conçois que cette réaction, dont je
viens de parler, arrête tout d'un coup
l'effluence de la matiere électrique,
ſans laquelle il n'y a plus d'affluence ; & l'expérience nous apprend
que toute Electricité conſiſte eſſen-
tiellement *dans l'un & dans l'autre
mouvement enſemble* 21.

C'eſt une choſe curieuſe, que de
voir avec quelle promptitude un
corps ceſſe d'être électrique, quand
on le fait étinceller : tous les cheveux d'un homme qu'on électriſe ſe
hériſſent & ſe dreſſent en l'air ; mais
on les voit retomber avec une vi-
teſſe preſque inexprimable, à chaque
fois qu'on approche le doigt de cet
homme pour exciter une étincelle.
On voit la même choſe à une barre
de fer, de laquelle on laiſſe pendre
deux brins de fil de 12 ou 15 pouces de longueur ; tant que le tout eſt
électrique, les deux brins de fil ſe
tiennent écartés l'un de l'autre à cauſe

fe de leurs rayons effluents qui fe repouffent réciproquement ; mais à
peine voit-on éclater l'étincelle excitée au bout de la barre de métal ,
que les deux fils retombent l'un vers
l'autre , au gré de leur péfanteur.

## TROISIE'ME FAIT.

Les étincelles éclatent quelques-
fois d'elles-mêmes, fans que l'on approche le doigt ou un autre corps
non électrique , du tube ou du globe de verre électrifé : ce troifiéme
fait n'eft-il pas contraire aux explications précédentes, où l'on prétend,
que l'effet en queftion vient du choc
de la matiere effluente , contre la
matiere affluente qui fort d'un corps
plus folide , que l'air environnant ?

## EXPLICATION.

Il faut obferver, 1$^{ment}$, que l'effet
dont il s'agit ici n'arrive pas communément, mais feulement lorfque
l'Electricité eft forte , par l'état du
verre , & par celui de l'air, ou du
lieu dans lequel on opere ; 2$^{ment}$, on
ne doit pas croire que ces aigrettes
de matiere effluente qui forment l'ai-

Q

mosphere d'un corps électrisé, soient régulieres ni par le nombre, ni par l'arrangement de leurs rayons, ni que les endroits du verre par lesquels elles s'élancent, gardent entre eux des distances égales. On aura de ces émanations une idée bien plus naturelle, & sans doute plus juste, si l'on se représente un fluide forcé qui se fait jour à travers d'une enveloppe, dont le tissu seroit trop peu serré pour le retenir. S'il arrive donc que quelques portions de ces aigrettes viennent à se croiser comme en G, *fig.* 17. avec une vitesse suffisante, cette rencontre jointe à celle de la matiere affluente, toute foible qu'elle soit, pourra dans un concours de circonstances favorables, occasionner ce phénomene, ce petit éclat de lumiere, qui est assez rare pour pouvoir être attribué à une cause aussi accidentelle.

## QUATRIEME FAIT.

Un homme électrisé qui passe légerement sa main sur une personne non électrique, vêtue de quelque étoffe d'or ou d'argent, la fait étin-

celler de toutes parts, non-feulement elle, mais encore toutes les
autres qui font habillées de pareilles
étoffes, & qui la touchent ; & ces
étincelles fe font fentir aux perfonnes fur qui elles paroiffent, par des
picotemens qu'on a peine à fouffrir
long-tems.

## EXPLICATION.

Les rayons effluens qui fortent de
la main de l'homme électrifé, *paf-
fent avec une extrême facilité* [30] *dans les
fils d'or ou d'argent*, dont l'étoffe eft
tiffue ; tous ces fils électrifés de la
forte, *deviennent hériffés d'aigrettes* [25],
dans toute leur longueur : ces aigrettes rencontrent en fortant du
métal une matiere affluente *qui vient
fort abondamment du corps animé*, [22],
[27], [30], & le choc de tous ces courans *qui vont en fens contraires* [21], fait
naître autant d'inflammations qui
éclatent en étincelles, & des doubles répercuffions, qui portent d'une
part contre le métal électrifé, & de
l'autre contre la peau de la perfonne
fur qui fe paffe l'expérience, ce qui
lui caufe tous les picotemens qu'elle reffent.                    Q ij

La même chose arrive, & par les mêmes raisons, si l'on électrise la personne dont l'habit est orné d'or ou d'argent, & qu'une autre personne non électrique en approche la main de la maniere qu'on l'a dit ci-dessus ; car c'est toujours le conflit des deux matieres affluente & effluente qui fait naître, & les picquures & les étincelles ; avec cette différence cependant, que dans ce dernier cas, les étincelles qu'on apperçoit aux endroits qui ne sont pas touchés, viennent du contre-coup de la matiere effluente qui a souffert répercussion.

Pour bien entendre ceci, représentez-vous un fil d'argent électrisé *par la communication qu'il a avec la personne qu'on électrise* [6] : ce fil étincelle à l'endroit touché, parce que sa matiere effluente rencontre & choque *celle qui vient du doigt de la personne non électrique.* [22] ; mais presque en même temps que cette étincelle paroît, on en apperçoit une semblable, à l'autre bout du fil d'argent, parce que sa matiere électrique qui a reçu par le choc une déter-

mination contraire à celle qu'elle
avoit d'abord, & dont le mouvement eſt devenu en quelque façon
rétrograde ; cette matiere, dis-je,
peut être conſidérée dans cet inſtant
comme effluente par la partie op-
poſée à celle que l'on vient de toucher ; & alors la matiere affluente
*qui vient de toutes parts à la perſonne*
*électriſée* [22], ou plutôt quelqu'un *des*
*rayons effluens de ce corps animé* [19], occaſionne une eſpece de contre-coup,
d'où naît une ſeconde ſcintillation.

Ce qui me fait croire que le ſecond choc vient plutôt de la matiere
rétrograde du fil d'argent, contre les
rayons effluens de la perſonne électriſée, que contre la matiere affluente de l'air, c'eſt que cette perſonne
ſur qui cela ſe paſſe, reſſent des picquures de ces ſecondes étincelles,
comme des premieres; ce qui ſuppo-
ſe qu'un des rayons choqués aboutit
à ſa peau.

## CINQUIEME FAIT.

Une perſonne électriſée, ſur-tout
ſi elle l'eſt par le moyen du globe
de verre, allume avec le bout de ſon

doigt de l'efprit de vin, ou une autre liqueur inflammable, légerement
chauffée, que lui préfente une autre
perfonne non électrique.

## EXPLICATION.

*Il y a toute apparence que la matiere*
*qui fait l'Electricité, ou qui en opere les*
*phénomenes, eft la même, que cet élé-*
*ment qu'on appelle feu ou lumiere* [32], &
fur l'exiftence duquel prefque tous
les Phyficiens font d'accord aujour-
jourd'hui : or cette matiere, quand
elle eft animée d'un certain dégré de
mouvement, & qu'elle eft armée, pour
ainfi dire, *de quelque matiere plus grof-*
*fiere qu'elle-même* [33], devient capable
d'entamer les autres corps, de les
pénetrer, & de diffiper leurs parties
en flamme ou en fumée. L'étincelle
qui naît, comme je l'ai dit plus haut,
* par le choc des deux matieres effluente & affluente, augmente jufqu'à caufer l'inflammation d'une liqueur qui s'y trouve toute difpofée
par fa nature, & par un certain dégré de chaleur qu'on lui a fait prendre.

Je ne crois pas ce dégré de cha-

‡ p. 178.

leur préparatoire d'une néceffité ab-
folue pour le fuccès de l'expérience ;
dans le cas d'une Electricité très-forte, on enflammera peut-être l'efprit
de vin, qui n'aura que la tempéra-
ture ordinaire d'une chambre fer-
mée, dans une faifon moyenne :
mais pour fentir combien on rend
cette inflammation électrique plus
facile, en chauffant un peu la liqueur,
qu'on fe fouvienne, que l'étincelle
qui produit cet effet, doit naître du
choc des deux matieres ; fçavoir,
de celle qui s'élance du doigt électrique, & de celle qui vient de la liqueur en fens contraire : or, *toute*
*matiere électrique fort difficilement d'un*
*corps folide ou fluide qui eft gras, réfineux*
*ou fulphureux comme l'efprit de vin, &c.*
*à moins que le corps n'ait été frotté ou*
*chauffé* [29].

C'eft encore par cette raifon,
qu'il vaut mieux tenir la liqueur
qu'on veut enflammer, dans une cuillere de métal, ou dans le creux de la
main nue, que dans du verre, dans de
la fayance, &c. car comme *la matiere*
*électrique fort des métaux & des corps vi-*
*vans avec plus de force que des autres* [30],

celle qui viendra de la cuillere
ou de la main, après avoir pénetré
la liqueur, donnera lieu à un choc
plus violent, à une étincelle plus
brulante.

L'expérience dont il s'agit, réuffit mieux, & plus furement, fi la perfonne qui la fait eft électrifée par le
moyen du globe de verre, que fi
l'on fe fervoit d'un tube, pour lui
communiquer l'Electricité ; parce
que dans ce dernier cas, celui qui
eft électrique n'a qu'une étincelle à
employer, après quoi toute fa vertu
ceffe ; au lieu que dans l'autre cas,
l'Electricité fe répare à chaque inftant, & la perfonne électrifée étincelle plufieurs fois de fuite, & plus
vivement.

L'effet eft toujours le même, foit
que l'efprit de vin foit tenu par la
perfonne électrifée, ou par celle qui
ne l'eft pas ; car de l'une ou de l'autre maniere, on conçoit aifément
qu'il y a conflit des deux matieres effluente & affluente à la furface de la liqueur ; & cela fuffit pour
l'inflammation.

Le doigt qui fe préfente à la liqueur

queur, ne doit pas la toucher, mais feulement s'en approcher à une petite diftance ; s'il a été plongé, il faut l'effuyer ou en préfenter un autre ; car fans cela, on court rifque de n'avoir pas d'étincelle, & de manquer l'expérience : l'obftacle vient de ce qu'un doigt mouillé d'efprit de vin, eft un corps enduit d'une matiere fulphureufe, *à travers laquelle la matiere électrique a peine à fe faire jour pour fortir* [29].

On me dira peut-être que cette matiere paffe bien à travers de l'efprit de vin qui eft dans la cuillere : mais je répondrai, que cet efprit de vin eft chaud, au lieu que celui qui eft autour du doigt ne l'eft plus un inftant après l'émerfion ; & j'en ai dit affez un peu plus haut, * pour faire connoître ce que peut produire cette différence, par rapport au réfultat de l'expérience.

* p. 191.

## SIXIEME FAIT.

Si l'on tient dans une main un vafe de verre ou de porcelaine, en partie plein d'eau, dans lequel foit plongé le bout d'une verge de métal éle-

R

ctrifée , & qu'on approche l'autre main de cette verge pour exciter une étincelle ; on fent une violente & fubite commotion dans les deux bras & fouvent même dans la poitrine, dans les entrailles, & généralement dans toutes les parties du corps.

## EXPLICATION.

*Tout nous indique & nous porte à croire que la matiere électrique eft un fluide très-fubtil qui réfide par-tout, au dedans comme au dehors des corps* [31] : il eft par conféquent au dedans de nous-mêmes ; & fi nous en jugeons par la facilité avec laquelle il y entre & en fort, par l'extrême fineffe de fes parties , & par la porofité de notre matiere propre , nous n'aurons pas de peine à comprendre qu'il jouiffe en nous d'une parfaite continuité , & que fes mouvemens foient au moins femblables à ceux des autres fluides que nous connoiffons. Or en fuivant ces idées qui n'ont rien de forcé , & que l'expérience même paroît favorifer , ne puis-je pas dire que dans les cas ordinaires, lorfqu'un homme non électrique fait

étinceler un corps électrifé, la re-
percuffion des courants électriques
ne fe fait fentir qu'à la peau du doigt,
ou tout au plus dans le bras; parce
que la matiere choquée qui n'eft appuyée ou retenue par aucune action
contraire, a toute la liberté de récu-
ler & d'obéir au coup qu'elle reçoit;
au lieu que dans le fait en queftion
l'effort électrique éclate en même
temps par deux endroits oppofés ,
fur un filet de matiere qui s'étend
d'une main à l'autre en traverfant le
corps, & qui, à la maniere des fluides , communique le mouvement
dont il eft animé, à toutes les parties de fon efpéce, qui fe trouvent
dans le même fujet. Les parois d'un
tonneau font généralement compri-
mées quand on preffe la liqueur qu'il
renferme ; & fi la preffion fe fait par
deux endroits fur le liquide , tous les
folides qu'il touche s'en reffentent
d'autant plus. La commotion plus ou
moins grande , plus ou moins complette, que nous éprouvons dans l'expérience que j'effaie d'expliquer, peut
donc s'attribuer avec beaucoup de
vraifemblance à la double répercuf-

fion que reçoit en même temps le fluide électrique *qui réfide en nous comme par-tout ailleurs* [31].

Mais une conjecture, quelque vraifemblable qu'elle foit, ne peut paffer tout au plus que pour une heureufe imagination, fi l'expérience ne décide en fa faveur. Voyons donc s'il n'y auroit pas quelques faits capables d'étayer mon explication.

Si la commotion qu'on reffent intérieurement, eft véritablement une fecouffe imprimée à notre matiere propre, par le fluide électrique fortement comprimé ; comme ce fluide lorfqu'il eft choqué, eft de nature à devenir lumineux, *& qu'il réfide dans tous les autres corps comme dans le nôtre* [31], tranfportons notre épreuve à des corps diaphanes, & voyons fi la commotion fe rendra fenfible par une lumiere interne. Dans cette vûe au lieu d'une feule perfonne j'en employe deux, dont l'une tient le vafe rempli d'eau, tandis que l'autre excite l'étincelle, & je leur fais tenir à chacune par un bout un tube de verre rempli d'eau : lorfque l'explofion fe fait, & que les deux corps

animés ressentent la secousse, le tube intermédiaire qui les unit brille
d'un éclat de lumiere aussi subit, &
d'aussi peu de durée, que le coup
qui saisit les deux personnes appliquées à cette épreuve. N'est-il pas
plus que probable qu'on verroit en
nous la même chose, si nous étions
transparens comme le verre & l'eau?

La continuité non interrompue
de la matiere choquée doit être encore une condition absolument nécessaire pour le succès de l'expérience, s'il est vrai, comme je le suppose, que la commotion qui en résulte nous soit transmise, & distribuée
uniformément à toutes les parties
qu'elle attaque, par le fluide électrique, après la double répercussion.
Je l'ai donc interrompue à dessein,
en faisant faire l'épreuve, comme ci-
devant, à deux personnes, mais qui
au lieu d'être liées ensemble par un
corps solide intermédiaire, ne se tou-
choient nullement ; le résultat s'est
trouvé tel que je l'attendois, la commotion interne a manqué, l'effet
s'est réduit à une piquûre assez violente pour celui qui tiroit l'étincel-

R iij

le, & à une fecouffe affez forte, mais
qui ne paffoit pas la main de celui
qui tenoit le vafe plein d'eau. Il paroît donc vifiblement que l'interruption de la matiere électrique foumi-
fe au double choc, eft la feule caufe
à laquelle on puiffe attribuer ce qui
differe ici de l'effet ordinaire, qui dépend fi néceffairement de la continuité de cette même matiere, qu'on
ne le voit jamais manquer par le trop
grand nombre des perfonnes qui s'u-
niffent pour cette expérience, pourvû que fe tenant par les mains ou autrement, elles forment une chaîne
qui ne foit nullement interrompue.

Voici encore une expérience qui
prouve bien qu'au moment de l'explofion il y a un filet ou rayon de
matiere électrique interne qui eft
frappé par les deux bouts, & que
ce double choc lui imprime deux
actions contraires. Je me fers encore
de deux perfonnes, dont une excite
l'étincelle tandis que l'autre tient le
vafe ; & qui de l'autre main fe préfentent réciproquement le bout du
doigt de fort près fans fe toucher.
Quand l'étincelle éclate, j'apper-

çois entre les deux doigts oppofés & prefque contigus, une lueur très-fenfible, qui annonce affez évidemment le conflict de deux courans de matiere qui ont des déterminations contraires.

## SEPTIEME FAIT.

Il faut pour réuffir dans l'expérience que j'ai rapportée pour fixieme Fait, que le vafe qui contient l'eau foit de verre ou de porcelaine ; tous les autres qu'on a éprouvés jufqu'à préfent, n'ont point eu le même fuccès.

## EXPLICATION.

C'eft une chofe indifpenfablement néceffaire que la main qui touche, avant qu'on excite l'étincelle, ne faffe point perdre à la barre de fer fon Electricité ; car fi cela arrivoit, ce feroit inutilement qu'on effayeroit de faire étinceler cette barre avec l'autre main ; & c'eft un fait connu depuis long-temps, *qu'on défélectrifz aifément & promptement une barre de fer en la touchant avec la main* [14]. Un autre fait qui eft auffi conftant,

R iij

mais plus nouveau, c'eſt que le vaſe de verre rempli d'eau qui s'électriſe par communication dans cette expérience, ne ceſſe pas d'être fortement électrique pour être touché ou manié par la perſonne non électrique qui le ſoutient : cet attouchement fait au vaſe ne change donc rien à l'état de la barre de fer qui lui tranſmet l'Electricité ; ainſi l'on pourra toujours faire étinceler cette barre, & par conſéquent exciter la commotion qui eſt le réſultat ordinaire de cette épreuve, tant que la verge de métal qui conduit l'Electricité ſera plongée dans un vaſe de verre ou de porcelaine, parce que les matieres vitrifiées, ou à demi vitrifiées, lorſqu'elles deviennent fortement électriques, continuent de l'être aſſez long-temps quoique touchées par des corps qui ne le ſont pas.

Ce privilege que j'attribue au verre ( ou à la porcelaine, ) de demeurer électrique quoiqu'on le touche, n'eſt point une fiction, ni une probabilité imaginée en faveur de mon explication ; c'eſt un fait bien décidé, & ſur lequel il ne reſte aucun doute : le

vafe rempli d'eau qui a fervi à l'expérience , & qui s'eft électrifé par
l'immerfion de la verge de métal ;
ce vafe, dis-je, porté ou manié par
quelqu'un qui n'eft point électrique,
ne ceffe pas , pendant un tems confidérable , d'attirer & de repouffer
tout ce qu'on lui préfente de léger ,
d'étinceller quand on en approche
le doigt, de lancer des aigrettes lumineufes affez fouvent fpontanéés ,
& bruïantes ; l'eau qu'il contient fait
voir des éclats de lumiere quand on
la remue , & reffemble à une liqueur
enflammée quand on la répand dans
un vafe creux , fur d'autre eau non
électrifée.

Cette Electricité diminue peu-à-
peu ; mais elle eft très-long-tems à
s'éteindre entiérement : j'en ai encore
trouvé des fignes fenfibles après 36
heures , quoique j'euffe pofé le vafe
fur une table de bois , non ifolée ,
non électrique , & capable par conféquent, d'abforber ou de diffiper la
vertu du corps électrifé qu'elle fou-
tenoit.

## HUITIEME FAIT.

Mais ce vafe de verre électrifé qui eft fi long-temps à perdre toute fon Electricité, quand il eft pofé fur du bois, du métal, &c. ne la garde pas à beaucoup près fi long-temps, lorfqu'il eft foutenu par du verre, de la réfine, de la foye, & généralement par toutes les matieres qui s'électrifent le mieux lorfqu'on les frotte. (*a*)

### EXPLICATION.

L'Electricité, comme je l'ai déja dit & prouvé ailleurs, n'eft pas feulement l'émanation d'une matiere qui s'élance du corps électrifé; c'eft auffi un remplacement continuel qui fe fait de cette matiere, par une autre tout-à-fait femblable, qui fe porte de toutes parts au corps électrifé : c'eft, pour ainfi dire, un commerce de la matiere que j'ai nommée ef-

(*a*) Ce fait que j'avois auffi obfervé de mon côté, a été annoncé pour la premiere fois par M. le Monier, Docteur en Médecine. On fçait combien cet Académicien a contribué à étendre les progrès de l'Electricité, & avec quelle exactitude il en obferve les nouveaux phénomenes.

fluente , & de celle que j'ai appellée affluente. Si celle-ci vient à manquer, ou que la premiere n'ait plus la liberté de sortir , cet état ou ce double mouvement, que l'on nomme *Electricité*, doit bien-tôt cesser ; or, ces deux choses arrivent , lorsque vous posez le vaisseau de verre électrisé , sur un gâteau de résine : la matiere effluente du verre , est arrêtée en grande partie , *parce qu'elle ne trouve point un passage libre dans un corps résineux, ou comme tel* [29] *; & par la même raison*, le gâteau ne fournit point de matiere affluente au verre. Le vase perd donc bien-tôt son Electricité , parce que les deux courants , *en quoi consiste cette vertu* , se ralentissent & cessent promptement.

Si la cause de ce ralentissement est bien véritablement celle que je viens d'exposer, on ne doit pas être surpris de ce qu'une table de bois , un support de métal, la main d'un homme, &c. n'a pas le même effet qu'un gâteau de résine ; car on sçait que *la matiere électrique ; pénétre aisément tous ces corps , tant pour y entrer , que pour en sortir* [30] : ce qui fait que les deux courants qui conftituent l'Electricité, n'y trouvent pas autant d'obftacles que dans les corps réfineux.

Quoique cette explication, foit vraifemblable, & qu'elle s'accorde affez bien avec les principes que l'expérience nous a fait admettre, je ne diffimulerai pas cependant, que je trouve ici quelque chofe de fingulier, & dont je ne vois pas bien le fond. Un corps ne s'électrife pas communément, s'il eft pofé fimplement fur une table de bois non ifolée ; & voici un vafe plein d'eau, qui garde affez bien, pendant plufieurs heures, fur cette même table, l'Electricité qu'il a acquife auparavant : il eft vrai qu'il faut une forte & longue Electricité, pour mettre le vafe de verre dans l'état où il doit être pour cette expérience ; & nous fçavons, à n'en pas douter, que quand on électrife fortement ; & avec une certaine durée, les corps mêmes qui ne font point ifolés, reçoivent l'Electricité par communication. J'ai vû maintes fois des perfonnes électrifées fur la réfine, étinceller de toutes parts, quoique leurs habits touchaſſent à la muraille ou aux meubles de la chambre ; & M. Jean Muſchenbroek(*a*),ayant le coude appuyé exprès ſur une table, remarqua auſſi qu'il devenoit électrique, nonobſtant cet attouchement ; mais malgré ces raiſons qui affoibliſſent, ſans doute, la difficulté, je ſens qu'on peut faire valoir encore la différence qui ſe préſente, quand on compare l'Electricité qui ſe conſerve, avec celle qui s'acquiert ſur un ſupport de bois non iſolé.

Auſſi faut-il convenir, que l'Electricité communiquée à un vaſe de verre plein d'eau, différe conſidérablement de celle que les autres corps acquierent par la même voye ; cette vertu y eſt, pour ainſi dire,

---

(*a*) M. Jean Muſchenbroek, eſt le frere du célebre Profeſſeur de Leyde, qui porte ce nom : la Phyſique expérimentale doit beaucoup à l'un & à l'autre : le premier, avec une dextérité peu commune, & des notions de Mathématiques, qui le diſtinguent d'un ſimple Artiſte, lui a procuré d'excellens inſtrumens ; le ſecond, comme l'on ſçait, l'a enrichi de pluſieurs ouvrages généralement goutés des Sçavans.

concentrée ; elle y tient bien autrement que dans une égale maffe de
toute autre matiere , & fes effets
annoncent une force , une énergie
qui n'eft pas commune ; le temps &
l'expérience nous apprendront peut-
être en quoi ce cas particulier différe
des autres.

## NEUVIEME FAIT.

L'expérience de Leyde, le fixiéme
*p. 193. fait, * ne réuffit pas, quand on fe fert
pour contenir l'eau, d'un vafe fait
de toute autre matiere que de verre
ou de porcelaine.

## EXPLICATION.

Le verre & la porcelaine réuffiffent, parce que l'un & l'autre s'électrifent par communication , & que
ni l'un ni l'autre ne ceffent d'être
électriques , quoique maniés & fou-
tenus par un corps qui ne l'eft pas.
Ces deux conditions font fi néceffaires pour le fuccès de l'expérience,
que fi l'une des deux vient à manquer,
la commotion interne qui en eft le réfultat ordinaire , ne peut avoir lieu ; je
*p. 195. l'ai prouvé ci-deffus. * Or le vafe qui
n'eft point de verre , de quelque ma-

tiere vitrifiée au moins , ou ne s'é-
lectrise point affez par communication , ou ne reçoit qu'une Electricité
qui fe diffipe au moindre attouchement des autres corps. Recevez la
verge de fer dans un vafe de bois ou
de métal , en partie plein d'eau ; elle
ne s'électrife pas plus que fi vous en
teniez le bout dans votre main ; &
elle a le même fort avec tout autre
vafe,dont la matiere très-facile à électrifer par communication , partage
auffi fort aifément fa vertu avec tous
les corps qui lui font contigus. Recevez cette même verge de fer , dans
un vafe de cire d'Efpagne , de foufre
ou de quelque matiere qui s'électrife
comme le verre par frotement ; ce
procédé ne vous réuffira pas non
plus , parce que ces matieres , qui
ont cela de commun avec le verre
de s'électrifer par frotement , n'ont
pas comme lui , l'avantage de s'électrifer auffi par communication , au
moins dans un dégré fuffifant.

On pourroit être tenté de croire,
que fi l'expérience de Leyde ne réuffit pas avec un vafe de cire d'Efpagne , c'eft que l'Electricité du globe

de verre , n'eſt point de nature à ſe communiquer à cette matiere ; & qu'il ne manque pour le ſuccès, que d'aſſortir à ce vaſe l'Electricité d'une matiere ſemblable.

Si cela étoit , ce ſeroit une forte raiſon pour admettre la diſtinction des deux électricités *réſineuſe & vitrée*, que des apparences ſéduiſantes ont fait imaginer : mais il ne m'en a couté que la peine de faire un globe de ſoufre , que j'ai ſubſtitué à celui de verre , pour m'aſſurer que toute Electricité , de quelque matiere qu'elle vienne , eſt également propre à produire l'effet dont il s'agit ; & que le choix du vaſe n'eſt important , que parce que la cire d'Eſpagne & les matieres réſineuſes , ne s'électriſent que très - peu ou point par communication ; car lorſqu'électriſant avec le globe de ſoufre, j'ai tenu l'eau dans un vaſe de même matiere , ou de cire d'Eſpagne , la commotion n'a point eu lieu ; & je l'ai reſſentie ( cette commotion, ) quoique foiblement, en ſubſtituant ſeulement un vaſe de verre à celui de ſouffre.

Un

## DIXIEME FAIT.

Un globe ou un tube de verre, dont on a ôté l'air, par le moyen d'une machine pneumatique, devient tout lumineux en dedans lorsqu'on le frotte par dehors, & ne donne aucun figne un peu confidérable d'Electricité ; c'eft-à-dire, qu'on ne lui voit attirer ni repouffer fenfiblement les corps légers qu'on lui préfente, & qu'on ne reffent & n'aperçoit autour de lui, aucunes de ces émanations qui s'y font fentir quand il eft frotté dans fon état ordinaire.

Il fe préfente ici deux effets à expliquer : le premier eft cette lumiere diffufe qu'on voit briller dans le vaiffeau purgé d'air; le fecond eft la privation d'Electricité, occafionnée par le vuide.

### EXPLICATION.

Le premier de ces deux effets eft connu depuis long-temps : on fçait qu'un matras purgé d'air, & frotté par dehors dans un lieu obfcur, devient une efpece de phofphore ; & le Barometre, dont la partie fupé-

S

rieure eſt lumineuſe, quand on ba-
lance le mercure, nous apprend que
cette lumiere eſt également produite
par un frotement intérieur, comme
par celui qui ſe fait extérieurement.

L'élément du feu, ce fluide ſubtil, qui ſelon toute apparence ne
laiſſe aucun eſpace abſolument vuide (a) dans la nature, remplit ſeul
toute la capacité d'un vaiſſeau purgé d'air; il jouit d'une mobilité parfaite, parce qu'il n'eſt embarraſſé par
aucune matiere étrangere, & que la
continuité de ces parties ne ſouffre
aucune interruption; dans cet état
il reçoit avec autant de facilité que
de promptitude, les ſecouſſes réité-
rées que lui impriment les parties du
verre agitées par le frotement; à
peu près comme on voit trembler

(a) Je ne prends ici aucun parti décidé ſur
la fameuſe queſtion de l'exiſtence du vuide:
je prétends ſeulement faire entendre que la
matiere du feu, plus ſubtile qu'aucune autre
qui nous ſoit connue, remplit tous les petits eſpaces, où des fluides plus groſſiers ne
peuvent être admis; & je me diſpenſe d'examiner ſi les parties de cette matiere laiſſent
entre elles des intervalles qui ſoient pleins
ou vuides; cet examen eſt étranger à mon
ſujet.

l'eau , quand on paffe le doigt
mouillé fur le bord du verre qui la
contient. Or le feu purement élémentaire , & qui n'eft uni à aucune
autre matiere capable de retarder
fon expanfion, s'allume au moindre
mouvement ; mais fon inflammation
fe termine à une fimple & fubite
lueur.

Quant au fecond effet , dont il
eft difficile de rendre raifon d'une
maniere à fatisfaire pleinement ; on
peut dire que les élancemens de la
matiere effluente , en quoi confifte
principalement l'Electricité, dépen-
dant d'une forte d'agitation imprimée aux parties du verre , il eft probable que ce mouvement n'a lieu &
ne perfevere , que quand la parois
du verre que l'on frotte , fe trouve
entre deux airs , d'une denfité à peu
près égale : fi ce mouvement étoit
femblable à celui d'un reffort qui fait
des vibrations, comme il y a lieu de
le croire , puifque les corps les plus
élaftiques , font communément
ceux qui s'électrifent le mieux par
frotement ; il ne devroit fubfifter
que dans un milieu élaftique, & d'u-

ne élasticité uniforme ou égale de toutes parts.

Ce qui donne quelque probabilité à cette conjecture, c'est que, suivant les expériences de M. Du Fay, * le vaisseau de verre qui contient un air très-condensé, ne s'électrise guéres davantage que celui dans lequel on a fait le vuide : l'Electricité ressemble en cela à la flamme, qui s'éteint également dans un air qui manque de ressort pour avoir été trop raréfié, & dans celui qui en a trop pour avoir été fortement dilaté, ou comprimé.

* Mém. de l'Acad. des Sc. pag. 173, p. 357.

Mais parce que le globe ou le tube purgé d'air devient lumineux sans être électrique, sommes-nous obligés de conclure, que cette matiere qu'on voit briller dans le vaisseau où l'on a fait le vuide, est d'une nature différente de celle qui agit en dehors, quand le verre s'électrise ? c'est ce que je ne crois pas. Le même fluide peut se prêter à différentes modifications ; le vent & le son ne font jamais qu'un air agité ; ces deux effets, comme l'on sçait, dépendent uniquement de deux especes de mouvemens, dont le même air est susceptible. Ces deux mouvemens ne font point incompatibles ; mais ils vont bien l'un sans l'autre. Qui empêche donc que sur cet exemple, on ne prenne une idée à peu près semblable de la matiere qu'on voit briller dans un globe de verre où l'on a fait le vuide ? Elle peut être lumineuse & électrique ; elle est souvent l'une & l'autre en même temps : mais comme elle peut être électrique sans luire, il est possible aussi qu'elle luise sans être électrique.

A quelqu'un qui s'obstineroit à distinguer comme deux especes différentes, la matiere qui fait l'Electricité, & celle qu'on voit briller dans le vuide ; je proposerois l'expérience suivante qui est très-belle.

Au lieu de froter le tube ou le globe purgé d'air, approchez-le seulement d'un autre globe rempli d'air à l'ordinaire, qu'on électrise un peu fortement ; vous verrez aussi-tôt paroître dans votre vaisseau vuide, les mêmes éclats de lumiere que vous avez coutume d'y voir quand vous le frottez.

On me dira peut-être, que les émanations du globe électrifé, en frappant la furface extérieure du vaiffeau vuide, fuppléent au frotement, pour agiter les parties du verre, & mettre par cette agitation la lumiere en mouvement. Mais n'eft-il pas plus fimple d'attribuer cette action au choc immédiat de la matiere électrique, *qui eft capable de paffer à travers les corps les plus compacts* [27], & qui s'enflamme vifiblement dans mille autres occafions, que de fuppofer qu'elle ébranle les parties du verre, autant que pourroit le faire un frotement qui doit être, pour avoir fon effet, beaucoup trop fort pour être fuppléé par le fimple choc des émanations électriques ?

## ONZIEME FAIT.

Un globe de verre enduit de cire d'Efpagne par dedans, & que l'on frote, après l'avoir purgé d'air, devient lumineux intérieurement, comme celui du dixiéme fait ; * mais ce qu'il y a de plus remarquable, c'eft qu'en regardant par un des poles ( que l'on a foin de ne point endui-

* p. 209.

re comme le refte, ) on apperçoit la main & les doigts de celui qui frote, nonobftant l'opacité naturelle de la cire d'Efpagne.

## EXPLICATION.

Quand on frote dans l'obfcurité un tube ou un globe de verre, plein ou vuide d'air, on peut obferver que les endroits où la main eft appliquée font toujours lumineux plus ou moins ; mais cet effet eft bien plus remarquable, fi le vaiffeau qu'on frote eft purgé d'air, apparemment parce que la matiere de la lumiere, qui eft alors dégagée de toute fubftance étrangere fe met plus aifément en action ; la main & les doigts fe deffinent donc, & fe font appercevoir par la lueur que fait naître leur frotement.

Cette action plus libre, & pour ainfi dire, plus complete de la matiere lumineufe qui remplit le globe, fe communique apparemment, à des parties femblables *qui rempliffent les pores de la cire d'Efpagne, comme ceux de tous les autres corps* [31] ; & ces pores luifans qui font en très-grand

nombre, donnent quelque tranſpa-
rence à cet enduit, qui eſt naturellement opaque ; à peu près comme
l'agathe, ou certains cailloux blancs
qu'on trouve communément aux
bords des rivieres, deviennent intérieurement très-lumineux, & comme tranſparens, lorſqu'on les heurte
l'un contre l'autre dans un lieu obſcur.

# F I N.

DEPUIS

Pl.4.

Fig.15.

Fig.14.
Expérience de Leyde

Depuis que cet Ouvrage est achevé d'imprimer, il m'est tombé entre les mains une Brochure qui a pour titre, *Mémoire sur l'Electricité ; à Paris, chez la Veuve David, rue Dauphine.* L'Auteur qui ne se nomme point, & qui paroît être dans le dessein de faire une suite à son Ouvrage, annonce dans la Préface, *qu'il s'est souvent écarté de mon système* d'explications : & je m'en suis bien apperçû en lisant son Ecrit.

Sans doute qu'il a de ce système, ( dont il est très-permis de s'écarter,) une idée plus juste & plus complette, que celle qu'il a prétendu en donner en trois lignes & demie de la page seizieme ; & j'espere que quand l'incompatibilité exigera qu'il combatte mon opinion pour établir la sienne, il voudra bien laisser à mes pensées la juste étendue qu'elles doivent avoir pour être intelligibles, ou renvoyer le Lecteur à cet Ouvrage que je publie : c'est une justice que j'ai lieu d'attendre d'un Auteur qui me prévient de politesse, & qui

T

paroît moins occupé du foin de me critiquer, que du louable defir d'éclaircir la vérité.

A la page trente-troifieme on rapporte une expérience d'Otto Guerike, & l'on demande, *Comment j'accommode le fait dont il s'agit avec les rayons divergens répulfifs du corps électrique, & la matiere affluente du corps attiré.*

On trouvera réponfe à cette queftion dans les explications des quatre premiers Faits de la premiere claffe *. La même lecture apprendra *comment les corps légers échappent* prefque *toujours aux rayons divergens* * ; (car je n'ai pas dit, toujours, fans exception:) & l'on verra quels font les cas où ils échappent.

* III. Partie.

* *Mémoire fur l'Electricité, pag. 17.*

# TABLE

## DES MATIERES

Contenues dans ce Volume.

T ij

T iij

## TROISIEME PARTIE.

*Fin de la Table des Matieres.*

## AVIS AU RELIEUR.

Les Planches doivent être placées
de maniere qu'en s'ouvrant elles
puiſſent ſortir entiérement du li-
vre, & ſe voir à droite dans l'ordre qui ſuit.

## ERRATA.

Aux endroits où vous trouverez *fig.* 17. li-
ſez *fig.* 15.

www.ingramcontent.com/pod-product-compliance
Lightning Source LLC
Chambersburg PA
CBHW060343200326
41519CB00011BA/2021